安全感：告别不安和焦虑的心理学

王坤 著

中国纺织出版社有限公司

内 容 提 要

万物互联的时代，即使足不出户，我们也可以与世界紧密连接。纷繁缭绕的信息、极度丰盈的物质，让人开阔了眼界，领略了新奇，却也加重了内心的不安。安全感，似乎成了这个时代最昂贵的奢侈品，每个人都背负着独属于自己的一份焦灼与忧虑，许多人的心理困扰和痛苦情绪，也都或多或少与安全感有关。

到底是什么让人焦虑不安？安全感的缺失又从何而来？如何才能找回内心的平静与踏实？翻开这本书，它会帮你解答有关安全感的诸多谜题，并告诉你摆脱焦虑不安的有效方法，同时让你深刻地认识到一个真相：关于内心的答案，要向内去找寻——你，才是安全感唯一的标尺。

图书在版编目（CIP）数据

安全感：告别不安和焦虑的心理学／王坤著.--北京：中国纺织出版社有限公司，2023.5
　　ISBN 978-7-5229-0451-1

Ⅰ.①安⋯　Ⅱ.①王⋯　Ⅲ.①焦虑—心理调节—通俗读物　Ⅳ.①B842.6-49

中国国家版本馆CIP数据核字（2023）第052096号

责任编辑：郝珊珊　　责任校对：高　涵　　责任印制：储志伟

中国纺织出版社有限公司出版发行
地址：北京市朝阳区百子湾东里A407号楼　邮政编码：100124
销售电话：010—67004422　传真：010—87155801
http://www.c-textilep.com
中国纺织出版社天猫旗舰店
官方微博 http://weibo.com/2119887771
鸿博睿特（天津）印刷科技有限公司印刷　各地新华书店经销
2023年5月第1版第1次印刷
开本：710×1000　1/16　印张：12.5
字数：176千字　定价：58.00元

凡购本书，如有缺页、倒页、脱页，由本社图书营销中心调换

心理测试
你是一个有安全感的人吗?

美国心理学家亚伯拉罕·马斯洛对安全感进行过多年的深入研究,并编制了《安全感—不安全感问卷》。在正式讨论安全感这一话题之前,我们不妨先来看一下这个问卷,评估一下自己的安全感指数。

在进行测试之前,你需要准备好一支笔,标记所选答案,最后计算得分。需要说明的是,在选择时不需要仔细思考好坏,按照自己的真实感受来作答即可,记住一定要是真实的感受,这样才能最大限度地呈现内心的状态,帮你更好地了解自己。

现在,你可以准备作答了。

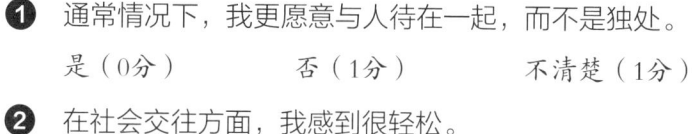

❶ 通常情况下,我更愿意与人待在一起,而不是独处。
   是(0分)   否(1分)   不清楚(1分)

❷ 在社会交往方面,我感到很轻松。
   是(0分)   否(1分)   不清楚(1分)

❸ 我缺乏自信。
   是(1分)   否(0分)   不清楚(1分)

❹ 我感觉自己已经得到了足够多的赞赏。
   是(0分)   否(1分)   不清楚(1分)

❺ 我经常对世事感到不满。
   是(1分)   否(0分)   不清楚(1分)

❻ 我感到人们像尊重其他人一样尊重我。

是（0分） 否（1分） 不清楚（1分）

❼ 一次窘迫的经历会让我在很长时间内感到焦虑不安。

是（1分） 否（0分） 不清楚（1分）

❽ 我对自己感到不满意。

是（0分） 否（1分） 不清楚（1分）

❾ 通常来说，我不是一个自私的人。

是（0分） 否（1分） 不清楚（1分）

❿ 我倾向于用逃避的方式来避免不愉快的事情。

是（1分） 否（0分） 不清楚（1分）

⓫ 和别人在一起时，我经常会产生孤独的感觉。

是（1分） 否（0分） 不清楚（1分）

⓬ 我觉得生活对我来说并不公平。

是（0分） 否（1分） 不清楚（1分）

⓭ 当朋友批评我时，我可以接受。

是（0分） 否（1分） 不清楚（1分）

⓮ 我很容易气馁。

是（1分） 否（0分） 不清楚（1分）

⓯ 通常，我对多数人是友好的。

是（0分） 否（1分） 不清楚（1分）

⓰ 我经常觉得活着没意思。

是（1分） 否（0分） 不清楚（1分）

⓱ 多数时候，我是一个乐观主义者。

是（0分） 否（1分） 不清楚（1分）

⓲ 我认为自己是一个非常敏感的人。

是（1分） 否（0分） 不清楚（1分）

❶❾ 多数时候，我是一个快活的人。

　　是（0分）　　　　否（1分）　　　　不清楚（1分）

❷⓿ 通常，我对自己抱有信心。

　　是（0分）　　　　否（1分）　　　　不清楚（1分）

❷❶ 我经常感到不自然。

　　是（1分）　　　　否（0分）　　　　不清楚（0分）

❷❷ 我对自己不是很满意。

　　是（1分）　　　　否（0分）　　　　不清楚（1分）

❷❸ 我时常情绪低落。

　　是（1分）　　　　否（0分）　　　　不清楚（1分）

❷❹ 与他人初次见面，我总觉得对方可能不会喜欢我。

　　是（1分）　　　　否（0分）　　　　不清楚（1分）

❷❺ 我对自己有足够的信心。

　　是（0分）　　　　否（1分）　　　　不清楚（1分）

❷❻ 通常，我认为大多数人是可以信任的。

　　是（0分）　　　　否（1分）　　　　不清楚（1分）

❷❼ 我认为自己在这个世界上是一个有用的人。

　　是（0分）　　　　否（1分）　　　　不清楚（1分）

❷❽ 通常，我和他人相处得比较融洽。

　　是（0分）　　　　否（1分）　　　　不清楚（1分）

❷❾ 我经常会为自己的未来感到担忧。

　　是（1分）　　　　否（0分）　　　　不清楚（1分）

❸⓿ 我觉得自己是坚强的、有力量的。

　　是（0分）　　　　否（1分）　　　　不清楚（1分）

❸❶ 我是一个健谈的人。

　　是（0分）　　　　否（1分）　　　　不清楚（1分）

32 我总感觉自己是别人的负担。

是（1分）　　　　否（0分）　　　　不清楚（1分）

33 在表达自我感情方面，我存在一些困难。

是（1分）　　　　否（0分）　　　　不清楚（1分）

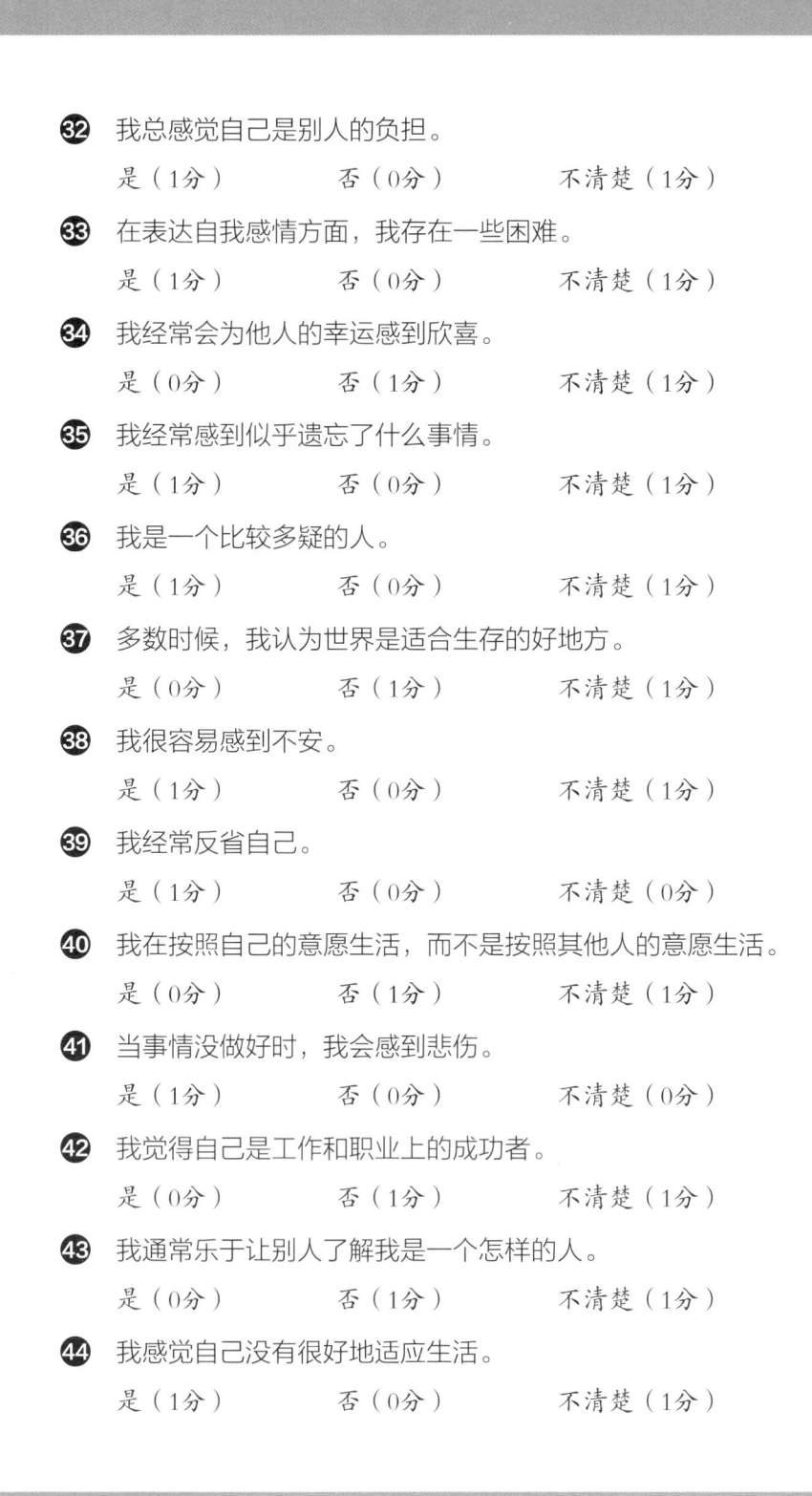

34 我经常会为他人的幸运感到欣喜。

是（0分）　　　　否（1分）　　　　不清楚（1分）

35 我经常感到似乎遗忘了什么事情。

是（1分）　　　　否（0分）　　　　不清楚（1分）

36 我是一个比较多疑的人。

是（1分）　　　　否（0分）　　　　不清楚（1分）

37 多数时候，我认为世界是适合生存的好地方。

是（0分）　　　　否（1分）　　　　不清楚（1分）

38 我很容易感到不安。

是（1分）　　　　否（0分）　　　　不清楚（1分）

39 我经常反省自己。

是（1分）　　　　否（0分）　　　　不清楚（0分）

40 我在按照自己的意愿生活，而不是按照其他人的意愿生活。

是（0分）　　　　否（1分）　　　　不清楚（1分）

41 当事情没做好时，我会感到悲伤。

是（1分）　　　　否（0分）　　　　不清楚（0分）

42 我觉得自己是工作和职业上的成功者。

是（0分）　　　　否（1分）　　　　不清楚（1分）

43 我通常乐于让别人了解我是一个怎样的人。

是（0分）　　　　否（1分）　　　　不清楚（1分）

44 我感觉自己没有很好地适应生活。

是（1分）　　　　否（0分）　　　　不清楚（1分）

㊺ 我经常秉持"车到山前必有路"的信念把事情坚持到底。

　　　是（0分）　　　　否（1分）　　　　不清楚（1分）

㊻ 我觉得生活是一个沉重的负担。

　　　是（1分）　　　　否（0分）　　　　不清楚（1分）

㊼ 我被自卑感困扰着。

　　　是（1分）　　　　否（0分）　　　　不清楚（1分）

㊽ 通常来说，我感觉还好。

　　　是（0分）　　　　否（1分）　　　　不清楚（1分）

㊾ 我和异性相处得很好。

　　　是（0分）　　　　否（1分）　　　　不清楚（1分）

㊿ 行走在街上，我曾因感到被他人注视而烦恼。

　　　是（0分）　　　　否（1分）　　　　不清楚（1分）

51 我很容易受到伤害。

　　　是（1分）　　　　否（0分）　　　　不清楚（0分）

52 活在世上，我感到温暖。

　　　是（0分）　　　　否（1分）　　　　不清楚（1分）

53 我为自己的智力感到忧虑。

　　　是（1分）　　　　否（0分）　　　　不清楚（1分）

54 通常，我使别人感到轻松。

　　　是（0分）　　　　否（1分）　　　　不清楚（1分）

55 我对未来有一种隐隐的恐惧感。

　　　是（1分）　　　　否（0分）　　　　不清楚（1分）

56 我的行为很自然。

　　　是（0分）　　　　否（1分）　　　　不清楚（1分）

57 一般说来，我是幸运的。

　　　是（0分）　　　　否（1分）　　　　不清楚（1分）

58 我有一个幸福的童年。

　　是（0分）　　　否（1分）　　　　不清楚（1分）

59 我有许多真正的朋友。

　　是（0分）　　　否（1分）　　　　不清楚（0分）

60 多数时候，我感到不安。

　　是（1分）　　　否（0分）　　　　不清楚（1分）

61 我不喜欢竞争。

　　是（1分）　　　否（0分）　　　　不清楚（1分）

62 我的家庭环境很幸福。

　　是（0分）　　　否（1分）　　　　不清楚（1分）

63 我经常担心会遭遇横祸。

　　是（1分）　　　否（0分）　　　　不清楚（1分）

64 与人相处时，我经常感到烦躁。

　　是（1分）　　　否（0分）　　　　不清楚（1分）

65 通常来说，我很容易满足。

　　是（0分）　　　否（1分）　　　　不清楚（1分）

66 我的情绪经常会从高涨跌落谷底。

　　是（1分）　　　否（0分）　　　　不清楚（1分）

67 通常来说，我受到人们的尊重。

　　是（0分）　　　否（1分）　　　　不清楚（1分）

68 我可以很好地与他人配合工作。

　　是（0分）　　　否（1分）　　　　不清楚（1分）

69 我感觉无法控制自己的情感。

　　是（1分）　　　否（0分）　　　　不清楚（1分）

70 我有时感到人们在嘲笑我。

　　是（1分）　　　否（0分）　　　　不清楚（1分）

71 通常来说，我是一个比较自在的人。

　　是（0分）　　　　否（1分）　　　　不清楚（1分）

72 总体来说，我感觉世界对我是公正的。

　　是（0分）　　　　否（1分）　　　　不清楚（1分）

73 我曾经因为怀疑一些事情的真实性而苦恼。

　　是（1分）　　　　否（0分）　　　　不清楚（1分）

74 我经常受到羞辱。

　　是（1分）　　　　否（0分）　　　　不清楚（1分）

75 我经常感觉自己被他人视为异乎寻常。

　　是（1分）　　　　否（0分）　　　　不清楚（1分）

回答完上述问题后，计算一下自己的总计得分：

　　△ 0分~24分：正常范围

　　△ 25分~30分：具有不安全感的倾向

　　△ 31分~38分：具有不安全感

　　△ 39分及以上：具有严重的不安全感，即存在心理障碍

序　言
一切关于内心的答案，
都要向内寻找

如果你是一个很有安全感的人，那么恭喜你，你拥有一个强大而稳定的内在自我，这是一个人从容行走于世间的底气。不过，我也相信，并非每个人都能拥有此般心境，特别是生活在这个变幻莫测、处处渗透着不确定性气息的时代，更多的人总是不可避免地在某一时刻、某一境遇之下，感受到自身的渺小与脆弱，涌起一阵惶恐、焦虑与不安。

也许正因如此，你才会打开这本书，试图为慌张的内心找寻一条重拾平静的路。

你可能尝试过一些自助的方法，甚至为了走出焦虑不安付出过极大的努力，无论结果怎样，我都为你的勇气和坚韧鼓掌。与此同时，我也想说，世间没有一直风平浪静的港湾，岁月静好只是片刻，跌宕起伏才是日常。

平静，不是一种生活状态，而是一种心理状态，是预见风险、应对问题时的不慌张，是内心的确定感与可控感；不会随着外界的变化而丢失，就算偶尔起伏飘忽，也永远都在向锚点回归。这，也正是安全感的核心。

关于安全感，你可能有太多的话想表达，也有太多的疑惑亟待解开——

○ 缺少安全感的表现只是胆小怯懦、缩手缩脚、害怕独处吗？
○ 是不是拥有了某一样东西或某一种特质，就可以告别焦虑不安？

○ 凡事追求完美，对人对己都不容瑕疵，这样的行为意味着什么？
○ 敏感与安全感之间有什么联系？
○ 遭受过拒绝的经历会让人产生不安全感吗？
○ 怎么做才能真正走出焦虑，感到安心和放心？
……

别着急，有关安全感的一系列问题和答案，这本书都会向你娓娓道来。

安全感不是一个伸手可触摸的实物，给人的感受经常是飘忽不定、稍纵即逝，当我们抓不住它的时候，就会选择靠侵占外物来获得满足，因为外物是自我的延伸。遗憾的是，这种做法是徒劳的，没有一件事物可以填满不安全感的黑洞，外物只能暂时将心里那只"怪物"哄睡，过不了多久它就会醒来，焦躁的情绪会比以往更加强烈。

重建安全感，告别焦虑不安，不能只对付表面的症状，要打破内在的桎梏，才能获得真正的成长。当你真的相信自己是足够好的、是值得被爱的、有能力创造想要的生活时，你会自然而然地专注于当下，对自己、对生活、对未来多一份相信与笃定。

真希望这本书是茫茫苦海中一座温暖的灯塔，指引你找到那个让自己感到平静和安心的"家"。其实，不只是安全感，所有关于内心的答案，都要记得向内寻找。

目录 Contents

PART 1 安全感究竟与什么有关

01	安全感是主观体验，自己才是唯一的标尺	002
02	每一个缺乏安全感的人都有自己的"病根"	005
03	为什么别人都比我活得好？当心社交焦虑	009
04	是不是拥有了某一样东西，就可以告别不安	011
05	财富是许多东西的外壳，却不是里面的果实	013
06	脆弱的高自尊，折射出的是内心深处的自卑	016

PART 2 缺乏安全感的7种表现

01	不自觉地讨好，伪装成对方期待的样子	020
02	嫉妒是自卑和缺乏安全感结出的恶果	023
03	把自己内心的负面情绪投射给他人	026
04	用囤积行为对峙内心的不安全感	028
05	回避依恋，害怕与人建立亲近的关系	030
06	无法适应分离，总担心自己被抛弃	033
07	以攻击的方式来满足安全感的需求	036

接纳真实的、不够好的自己 —— PART 3

- 01　完美主义是遮掩安全感不足的面具　　040
- 02　摘下面具，叫停虚假自我造成的内耗　　042
- 03　自我接纳从承认自己"不够好"开始　　044
- 04　怎样摆脱内在批判者的控制与支配　　046
- 05　别人对你的评价，不代表你的自我价值　　048
- 06　人最坦然的时候，是成为自己的时候　　050
- 07　抛开对完美的追求，变身最优主义　　053
- 08　提高自尊水平的3个有效练习　　055

在不确定性中构建确定感 —— PART 4

- 01　比焦虑更可怕的，是对焦虑的错误归因　　060
- 02　客观认识焦虑，看见焦虑的积极意义　　063
- 03　没有绝对的安全感，拥抱不确定性　　065
- 04　当你抗拒焦虑时，你是在为焦虑赋能　　067
- 05　试着减少关切，或是降低潜在的威胁　　070
- 06　创造心流状态，让身心都停驻于当下　　072

成长是不断面对恐惧的冒险 —— PART 5

- 01　恐惧≠软弱，放下对恐惧原有的认知　　076

02	不要去消除恐惧，要学会驾驭恐惧	079
03	尝试控制自己对恐惧的生理反应	083
04	放弃对恐惧的遮掩，说出来会获得勇气	086
05	怎样战胜对特定事物的恐惧	088
06	了解恐惧在大脑中的运行机制	091
07	信念疗法，让积极的想法压过恐惧	094

学会与压力和平共处 —— PART 6

01	面对压力时，身体会有什么反应	098
02	只要生活在继续，压力就不会消失	101
03	孤独无助时，学会倾诉与自我安抚	104
04	从紧张中抽离，找寻"片刻的放松"	108
05	人生的多重角色，需要阶段性取舍	111
06	学会自我解压，让你的身心透一口气	114
07	列一个压力清单，澄清要面对的东西	117

改善亲密关系中的不安全感 —— PART 7

01	亲密关系是一面照见自己的镜子	120
02	深层的关系来自看见真实的彼此	123
03	就算不够优秀，也依然值得被爱	126
04	重新"长大"一次，重新理解"缺席"	129
05	感觉被抛弃时，与自己进行理性对话	131
06	培养共情的能力，理解彼此的感受	133

打破社交焦虑的魔咒

PART **8**

01	社恐？不，也许只是社交焦虑	140
02	如何判断自己是否存在社交焦虑	143
03	诱发社交焦虑的4个重要因素	147
04	克服害羞，提升社会交往技能	151
05	你的尊严与价值，值得你去捍卫	156
06	对内心和外界保持同等的关注	160
07	停止用"安全行为"来逃避恐慌	164

高敏感人群的自我救赎

PART **9**

01	高敏感是不是一件很糟糕的事	170
02	降低了自我要求，也就降低了内耗	173
03	善待身体，屏蔽过度的感官刺激	175
04	不再伪装感受，将内心的挣扎说出来	178
05	叫停灾难性思考，打破消极的恶性循环	181

PART 1

安全感究竟与什么有关

01 ◈ 安全感是主观体验，自己才是唯一的标尺

安全感是一种主观体验，主观体验的标准是：
"我感觉到了才算，我感觉不到的都不算。"

什么是安全感？百度百科的阐释是：对可能出现的身体或心理的危险或风险的预感，以及个体在应对相关情境时的有力或无力感，主要表现为确定感与可控感。

关于这一阐述，每个人都有自己的解读视角，这也无可厚非。毕竟，安全感不是一个可以真切触摸到的东西，而是一种主观体验。主观体验的标准是什么呢？即"我"感觉到了才算，"我"感觉不到的都不算！

有人把安全感喻为一个无形的壳，我们则是住在壳里的蜗牛。外面的世界是否安全并不重要，真正重要的是"壳的状态"。如果壳太薄了或是裂了（自身有创伤），我们就会认为世界是不安全的，内心也会长出刺来。在受到假想的伤害之前，可能会率先刺伤他人，或是竖起一个"请勿靠近"的警示牌作为防御。

人生而不同，成长历程独一无二，对事物的感知也不一样。换言之，每个人的"壳"的状态是不一样的，这也使得很难给安全感下一个具有普适性的定义。一个人的内心有没有安全感，其他人说了不算，只有自己才是唯一的标尺。

不少心理学流派曾对安全感的问题进行过深刻的研究，并从不同角度作出了解释，这些理论对于我们正确认识和最终获得安全感有很大的帮助。现在，我们不妨一起来看看心理学家们对安全感的解析，也许其中的某些理论

会戳中你的心。

♥ 医学心理学：阿尔维德·卡尔森

大脑的边缘系统内部存在奖赏回路，多巴胺会激活这一回路，从而驱使人们采取行动。安全感的缺失是因为多巴胺受体不活跃，体内的皮质醇增多，尿液中蛋白指标不正常，植物神经紊乱导致心跳、血压、脉搏等出现异常。

♥ 认知心理学：艾利斯

人是具有理智的动物，大脑会对信息进行加工，人也有责任和能力对自己的人生程序进行加工，个体的安全感是由自己的选择决定的。

♥ 社会心理学：班杜拉

人是一种社会性动物，有融入群体、与他人建立关系的需要。安全感来自稳定的社会情感，也是社会情感建立的基础。想要拥有这种力量，需要走进人群，在关系中获得。

♥ 行为主义：巴甫洛夫、华生、斯金纳

人的行为和意识不总是统一的，经常会出现脱节的情况。意识是无形的，摸不着、看不到，也不重要，怎么行动才是关键。所以，心理学应该研究行为与条件反射。

♥ 人本主义：罗杰斯、马斯洛

人的主观体验比什么都重要。安全感是人格的重要组成，也是成长的核心，是仅次于生理需要的根基。当有人无条件地关注你、接纳你、尊重你，你就会慢慢拥有安全感。

❤ 精神分析：弗洛伊德、埃里克森、霍妮

当下的主观体验都是表象，那些看不到、想不起来的东西才是安全感的基础。如果一个人在早年的成长过程中，没有得到良好的照顾和情感回应，没有被给予最基本的尊重和真诚的指导，就无法获得最初的安全感和信任感，且这种影响会一直持续到成年之后。

关于安全感的各种心理学分析，有些你可能比较认可，有些你可能完全无感，这都是正常的，因为你是独一无二的。从不同的角度阐释，最主要的目的是让你确定自己喜欢的、认可的角度，从而有针对性地学习和运用，踏上并完成内在成长之旅。

02 ◈ 每一个缺乏安全感的人都有自己的"病根"

生活中最大的幸福是,
坚信有一个人永远在身后爱着自己;
人生最大的痛苦是,
心灵没有归属,转过身后空无一人。

当两个年龄相仿、生活环境相似,甚至有过同样坎坷经历的人并肩而坐时,他们一定能够找到许多共同的话题,并产生一种"相逢恨晚"之感。可是,你相信吗,只要给他们足够的时间,让彼此更深入地了解,他们就会发现,原来彼此是那么的不同。

每个人都是造物主精雕细琢出来的独特个体,人生经历也是一幅幅独特的画卷。即便两个人的经历相似,遇到的问题雷同,他们的感受也是不一样的。鞋子合不合脚只有自己知道,一件事情对某个人造成的情感伤害,也很难被另一个人百分之百地明白。

独特的个性与经历,会让不同的人对某些事情产生特定的反应模式。从这个层面上来说,每个缺乏安全感的人都有不同的病根,就算是同样的病根,其表现也是不一样的。

那么,一个人的不安全感是从哪儿来的呢?贝丝·穆尔在其著作《我心安稳》一书中,提到了不安全感的病根,可能与以下几方面的因素有关。

♥ **原生家庭**

有酗酒、精神疾病、暴力的父母,往往会让家庭失去和谐与稳定;身患重病的父母也会给孩子带来极大的恐惧感和不安全感，哪怕他们已经尽其所能地在照顾孩子……担心无人照顾自己，没有人保护自己，这种原始的恐惧心理可能是长期缺乏安全感的根源。

由原生家庭带来的不安全感，绝大多数都不是父母有意为之的，有些事情他们尽了全力，仍然无法避免。毕竟，很多父母不晓得该怎样用行动表达对孩子的爱，或是在无意中用了错误的方式，结果以爱之名给孩子造成了伤害。

❤ 丧失亲人

在人生的旅途中，父母、兄弟姐妹、照看自己的长辈等，都是能够为自己提供安全感的人。一旦失去了他们，那种失落感造成的阴影很难消除，即便一个人从来没有缺少安全感的问题，在突然丧失亲人之后，也会开始怀疑活着的意义。

❤ 重要他人

受伤的时候，我们往往会在精神上退回到一个可以恢复平静的港湾，因为这个港湾里有一个可以接住自己的人，就像儿时摔倒后转身扑向母亲的怀抱去寻求安慰，因为知道她在那里。港湾刻在脑子里，母亲永远站在身后，即使死亡也无法把她从背后剥离。母亲是最早的港湾，生活中其他接踵而来的港湾，都是这一港湾的变体。

这个转身可以带来慰藉的人，就是生命中的"重要他人"。我们与他们之间有一种无形的联结，不仅会在受伤时第一时间退到这个港湾中，就连言行举止、思维方式也带着他们的影子。这种心灵意义上的支撑，是一个人直面问题、解决问题的力量之源。

很多心理上的问题是因为缺失重要他人，或是重要他人给予的反馈不对；很多人格上的改变需要重新找到并确立一个重要他人，让他给予正确的反馈。无论是咨询师、朋友还是伴侣带来的改变，都是借由新的重要他人，给人格一个重塑的机会。

❤ 个体缺陷

人是社会性动物，其他人犹如一面镜子，他们如何看待我们，直接影响着我们对自己的看法。身体上的残缺，或是其他导致自身与周围人不同（通常是缺陷或不足）的身体特征，都会引发我们的不安全感。

相关的例子在现实中比比皆是，如：身材矮小，低于同性别者的平均身高；从小因为肥胖饱受他人的嘲笑；智力发育不良，被周围人排挤；等等。这些身体上的缺陷会给人带来烦恼，但它们也可以成为一个人获得自由的动力。

❤ 生活剧变

从出生的那一刻开始，我们的生命和环境就在不断变化，有些变化是美好的，有些变化是不幸的。那些意料之外的事情、破坏原有规律的情形、长期动荡的生活、被迫接受的变化，都是滋生不安全感的温床。

❤ 人格因素

有些人经历过不幸，可是复原力很强，能够自如地应对往后的生活；有些人的生活和经历并没有什么不顺，却依然患得患失，严重缺乏安全感。面对这样的情况，就要考虑人格因素对内在安全感的影响了。比如，高敏感型人格者与焦虑型人格者，很容易被外部事物触动。面对同样的变故时，他们往往比其他类型的人格者更容易感到焦虑不安。

♥ 遭受拒绝

只要与人相处，就有被拒绝的可能，而被拒绝的经历，是让人产生不安全感的一个重要根源。拒绝可能会导致低自尊，让人无法正确地看待自己的价值，陷入自我否定的黑洞。自此，人生就会围绕"我不配"的主题展开各种故事情节——

○ 我配不上这个优秀的女孩……

○ 我不配拥有一份高薪的工作……

○ 谁会喜欢我这样的人呢……

○ 我根本不值得被人好好对待……

请注意，不一定是年幼时被拒绝才会导致安全感缺失，成年后的我们也可能会因为被拒绝而一蹶不振。另外，因为被拒绝而受伤的人，也不都是灰头土脸的样子，他们可能会戴上其他的"面具"生活，如冷漠、说话尖酸刻薄、愤世嫉俗等。

以上的每种因素，都可能会给我们带来伤痛。然而，试图用"面具"来遮掩不安全感，付出再多的努力也是徒劳的。所有关于内心的问题，都要向内去寻找答案；也唯有从内打破，才能实现真正的成长与蜕变。

03 为什么别人都比我活得好？
当心社交焦虑

拥有安全感的人，
无论置身于什么样的人群中，
都能正确定位自己的角色、肯定自己的价值，
不会因为别人的相貌或才智出众而自卑。

《今日心理学》杂志上刊登过一篇文章，报道了一项调查研究：调查对象是普通的女性，她们每天都会在工作中接触到身材火辣、相貌出众的女性，这些女性来自工作环境、网络图片或视频。在问及她们如何评价自己的形象时，多数调查对象表示："我对自己的长相不满意""我不是一个迷人的女性"或"我不是一个值得被爱慕的伴侣"。

无独有偶，英国某网站的调查也显示：34%的受访者对他人社交媒体上的内容产生了焦虑和不安全感，有89%的人认为那并不是真实生活的写照，同时也有18%的人认为社交媒体上的内容会让所有人都置身于压力之下。

对于这样的调查结果，你可能也会产生同感。社交媒体给我们的生活带来了极大的便利，让人与人的互动沟通变得简单易行，也让每一个普通人都有了呈现自我、表达感受、分享心情的机会。然而，我们在享受社交媒体的便利、新奇的同时，或多或少也都感觉到了，它会给人带来疲惫、焦虑，甚至抑郁。

今天我们在媒体中看到的女性形象比过去要多出千百倍，那些形象大都是媒体塑造出来的，与现实中的普通女性形成强烈的对比。然而，许多普通

女性却将这些形象印在脑子里作为参照物，反衬出来的就是自身的瑕疵——脸上有斑点，腹部有赘肉，鼻梁不够高，脸型不好看……对自我的否定与不满，间接地成为不安全感的来源。哪怕她们知道从社交媒体中获取的信息并不完全准确，也很难逃离这种自我怀疑的陷阱。

这种比较不只是针对光鲜亮丽的公众形象，也包括社交媒体上的陌生人，甚至是自己身边认识的人。咨询机构凯度在发布的一系列《中国社交媒体影响报告》中指出：有22%的受访者认同社交媒体使他们容易受到网上负面价值观的影响，同时也让人变得空虚浮躁；2016年新加的选项"受不了别人在朋友圈里过得比我好"也获得了8%的认同。

身处现代社会，我们很难置身于社交媒体之外，但可以有选择性地与社交媒体接触，用头脑和智慧来分析信息，遏制它们给自己带来的负面影响。搞清楚什么是娱乐，什么是广告，什么是自我价值；辨识哪些图片是粉饰过的，哪些内容是为博取眼球制造的噱头。如此，便不会稀里糊涂地被社交媒体蒙蔽双眼与心智，盲目地去作无谓的比较，在心里反复贬低自己。

如果社交媒体上的某些内容让你产生了自我否定的念头，感到焦虑不安，你大可将其屏蔽，把注意力拉回到当下。比如，你对自己的外表本身就缺少安全感，那么花太多时间去关注众多女演员参与的综艺节目，或是经常网购买衣服（模特打版的图片是粉饰过的，与实际的穿着效果存在较大出入），对减缓负面情绪是无益的。对于社交媒体上宣扬的"流行"的生活方式，不去随声附和，也是明智的选择。

总而言之，想减少社交媒体诱发的焦虑不安，要学会设定界限，知晓自己的"软肋"，即可以应对什么、很难应对什么，主动地保护自己。

04 是不是拥有了某一样东西，就可以告别不安

如果表面看起来缺少某些东西，人很容易感到不安，
可若真的拥有了这些东西，就能够告别不安吗？

几年前，洛洛掏出了大部分的积蓄，给自己置办了一套小房子。她说："在外面漂得久了，总得有一个落脚的地方，不然觉得自己就像浮萍，很没有安全感。"

从看房、买房到装修，再到添置家居用品，前后历经了一年半的时间。可当一切尘埃落定后，洛洛却又奔向了另一座小城。她说："我在这里住得不习惯，还是去南方的小镇生活吧，那里人少又清静，能减缓一点儿焦虑。"

兜兜转转，来来回回，洛洛依旧步履不停地在大城小镇之间穿梭。她要的那份安稳，终究也没能兑现，失眠的痛苦、焦虑的情绪，也从未真的远离。

洛洛的家人和周围的一些朋友，难以理解她的想法和感受，他们总是说："你有一份相对自由的工作，有自己的房子，经济和精神都很独立；想要恋爱结婚，也有资格去筛选心仪的对象。如此这般，还有什么可担心的？"

现实中有很大一部分人旨在从表面现象去判定安全感，即如果表面上看起来缺少某一样东西，就会滋生不安，从而认定只要拥有了某一样东西或某一种特质，就可以告别不安。实际上，这是没有认清安全感本质的表现。

现在，你可以闭上眼睛，回顾你所认识的人中，你认为最有安全感的那一个，他拥有一样你所欠缺的东西。OK，想好了吗？你想到的那一样东

西，可能就是你本人的"假想的安全感"！我来列举几个简单的情形，这样可能更容易理解：

○ "她嫁了一个家境很好的丈夫，不用为钱发愁。"
——假想：有钱才有安全感。
○ "他身居公司的高层，多少人努力一辈子也望尘莫及。"
——假想：有权力才有安全感。
○ "她总能调动大家的积极性，特别有号召力。"
——假想：有威信才有安全感。
○ "很羡慕他有一份稳定的工作，不用为就业发愁。"
——假想：有了铁饭碗才有安全感。
○ "她年轻漂亮，身材又好，没有什么可担心的。"
——假想：拥有美貌才有安全感。

不能否认，上述的这些事物的确可以给我们的生活带来保障，至少能够满足当下的一些需要。可是，即便这些东西都叠加起来，也无法从根本上解决安全感缺失的问题，因为自我怀疑、患得患失会不时地袭来，让人诚惶诚恐，担心眼下拥有的东西明天就会失去。

你以为嫁个有钱人就能免除不安，却可能在婚后疑神疑鬼，有一点风吹草动就会坐立不安；你以为有了孩子就会满足，可当你把所有的希望和安全感都寄托于孩子时，孩子也会把你内心深处的不安全感全部挖掘出来；你认为拥有美貌才有安全感时，极有可能会深陷对医美的依赖之中，变得越来越无法接受真实的自己。

将安全感寄托于外物，只对付表面上的症状，得到的只是片刻的、虚假的安宁。外在的事物，只能暂时把内心那只敏感不安、焦虑惶恐的"怪物"哄睡，可是过不了多久，它就会醒来，咆哮怒吼的声音会比过去更加强烈。

05 财富是许多东西的外壳，却不是里面的果实

倘若一个人的安全感取决于占有多少物质和金钱，
那么这将会是一个无底洞。
无论拥有多少，都只是想象中的安全感。

格雷厄姆是纽约的一位科技新贵，坐拥豪宅名车，甚至有专门的买手帮他选购家具。可是，这种疯狂购物的日子没有持续多久，格雷厄姆就感到无趣和麻木了。

当新奇的物品再也无法让格雷厄姆产生一丝一毫的兴奋感时，他开始扪心自问：我这是怎么了？为什么拥有了财富之后，我比过去更焦虑了？更让格雷厄姆痛苦的是，房子及其里面添置的各种物品，正在一步步地"越位"，成为他的主人，他需要花费大量的时间和精力去照顾它们。

看到格雷厄姆的经历时，你是否留意到他说了这样一句话："为什么拥有了财富之后，我比过去更焦虑了？"我相信，这个问题不只是格雷厄姆一个人的困扰，它可能是很多人，也许就是当下的你和我，正在向自己发出的疑问。

在我们的社会里，存在着一种意识形态：拥有足够多的财富，就能拥有足够的安全感。这样的想法有一定的道理：解决温饱的食物和水，能够保暖的衣物，可居住的房子（无论租或买），都是我们生存的必需品，也是马斯洛需求层次理论中最底层的需求——生理需求。

问题是，绝大多数的现代人已经可以满足这种需求，并且拥有了那些东

西。既然如此，为什么还会感到焦虑不安呢？答案就是——我们把需求和欲望、安全、舒适混淆了。许多人拼命地奋斗，为的就是拥有丰厚的收入、可观的存款、宽敞的房子，以及更多的生活用品。仿佛获得了这一切，就能获得长久的安全感，甚至不惜牺牲正常的作息与业余生活。

拥有了这些，就能够换来想要的安全感吗？

电视剧《人民的名义》里有一个令人印象深刻的角色，就是那个"小官巨贪"的赵德汉。他每天骑自行车上下班，住简陋的筒子楼，吃炸酱面对付晚饭，怎么看都是一个吝啬的小官。实际上，在一栋别墅里，他却私藏了贪污来的上亿现金！没错，全部是现金！

在贪污行为被揭露的那一刻，赵德汉说："我一分钱都没花，全在这儿，我们祖祖辈辈都是农民，穷怕了，一分钱都不敢动。"

赵德汉真正的需求是金钱吗？似乎不是，因为他可以安然地过着朴素的日子，且那些贪污来的上亿资金，他也分文未动。他真正想要的，是囤积金钱带来的安全感，只要闻着这些钱的味道，看看它们一点点地增加，他就觉得安全。早年的贫穷经历，物质上的匮乏，已经在他心里扎根了。这种匮乏，让他走上了错误的道路，当他用权力换来了大量金钱，他依然没能拥有安全感。因为，他只敢囤积，却不敢花。

耶鲁大学的心理学教师玛格丽特·克拉克表示："安全感来自物质财富与具有支持性的关系。但是，为了得到安全感，人的心理也很容易失去平衡。"这番话的意思是说，人有保护自己的本能，会为自己争取生存的资源，如食物、衣服、住所等，这些东西组合起来，才会让人感到安全。但如果对某种安全感的来源过分看重，就会不自觉地忽视其他的心理需求。

克拉克教授及其同事通过两项调查和分析，得出了上述结论。她们还发现，那些在个人关系方面无法感受到安全感的人，通常都会觉得，拥有物质财富会让自己更有安全感。所以，如果你发现自己有囤积物品的习惯，很有可能是因为，你相信这些东西可以给你安全感。现在你应该知道了，那不是事实。

依赖金钱和物质去弥补安全感，是一个错误的选择。真正的安全感，来自与他人建立亲密友爱的关系，来自对真实自我的接纳，也来自对眼下所拥有之物的欣赏与珍视。

06 脆弱的高自尊，折射出的是内心深处的自卑

由于骄傲，我们总是在欺骗自己。
但在普遍良知的表面之下，
有一个平静而微小的声音在告诉我们，
有些东西是不协调的。

伦理学家特里·库珀说："如果我花点儿时间看看自己的内心，就会在雄心壮志的背后找到一堆不安全感，又会在自卑的背后找到狂傲的理想。"

想要理解这番话，我们有必要先了解一个心理学概念——自尊。

自尊，是个体对自身能力大小、价值高低的判断和感受，它对每一个人而言都很重要。正因如此，多数人会尽可能地争取和维持自己的自尊。根据自尊水平的高低，可将人分为低自尊和高自尊。

在成长的路上，你可能遇到过这样的同学——学习成绩不好，格外擅长捣乱，借由成为班上的"刺头"来获得老师的关注。为什么他们要用如此不讨喜的方式来成为被关注的焦点呢？原因在于，他们的自尊水平较低，为了遮掩内心深处的自卑，只好选择用狂傲的方式来凸显自我价值。

研究普遍发现：相比低自尊群体，高自尊群体的心态更乐观，对生活的满意度更高，有更强的心理韧性。不过，自尊不只有高和低的维度，还有稳定与脆弱的维度。在高自尊群体中，也有一些人的自尊并不是很稳定，需要凭借成就与外界的认可来维系。他们通常比较敏感，防御性也很强。对此，美国佐治

亚大学心理学家迈克尔·克尼（Michael Kernis）将其称为"脆弱高自尊"。

在职场交往中，你可能碰到过这样的同事——处处争强好胜，总想比他人表现得更优越，来彰显自己的与众不同。他们很在意领导的评价，以及周围同事对自己的态度。稍有不慎，就可能会触及他们脆弱敏感的自尊，引出一番争论。

真实的高自尊者，拥有稳定的内在自我，对自我价值的判断始终如一，不会随着外界的变化轻易产生怀疑。脆弱的高自尊者，追求的是金钱、成就、他人的赞赏，只有表现得比别人更胜一筹，备受关注的时候，他们才会觉得自己是一个有自尊的人。

脆弱高自尊者的自尊是有条件且不稳定的，外在条件的变化会给其自尊带来严重的起伏波动，一旦被人忽视，自尊就会跌落谷底。他们做不到客观地评价自我，只会盯着并放大自身的优点，不愿面对也不接受自身的不足。外在高傲得不可一世的他们，内在是脆弱无比的，他们不想承认自己内在的低自尊，故而才会拼命地追求名利地位，寻求外部的认可。

脆弱高自尊是怎样形成的呢？

克尔认为："当一个孩子越被期望压抑真实情绪，他就越有可能发展成脆弱高自尊。"许多父母不允许孩子表达愤怒、悲伤、沮丧等负面情绪，认为愤怒是缺少教养、悲伤是太过软弱、沮丧是没出息的表现……不能真实地表达负面情绪，不能与内在的自己保持联结，伪装出坚强的样子去应对生活，如何发展出真实的高自尊？

情绪是一种能量，压抑无法将其消除，表面的若无其事和云淡风轻，阻挡不住内心深处的不安。面对这份不安，我们应认识到一点——现在的我，已经不再是当初的我，要摒弃错误的处理方式，看见自己真实的情绪，同理自己的不安，不再伪装得十全十美，允许并接受自己的优缺点，重建内在自我与安全感。

PART 2

缺乏安全感的
7 种表现

01 ◈ 不自觉地讨好，伪装成对方期待的样子

你有权利为自己而活，
有权利让别人失望，
有权利不去为别人的问题负责。

"我，多么愚蠢，多么可笑，以为自己卑微地'读空气''看颜色'，别人就会真正喜欢我、接纳我，我就可以得到幸福。可事实上，我一败涂地。"这是大岛凪深藏于心的声音，也是她对自己的评价，透着一丝委屈，也透着一丝否定。

大岛凪留着一头黑长直发，脸上总是带着笑容，待人温柔又贴心。她似乎有着察言观色的天赋，周围的气氛稍稍散发出尴尬的味道，她就会立刻站出来打圆场；同事的工作出现纰漏，为了平息领导的怒气，她会主动站出来替对方背锅；为了迎合同事的喜好，显得与她们之间没有隔阂，她总是附和着对方的话说"我懂"；在面对同事提出的尖锐问题时，她左右为难，生怕说错话遭到对方的误解。

在感情世界里，大岛凪也在不停地察言观色，小心翼翼地讨好着男友。看起来一头乌黑直发的凪，其实是天生的自来卷，她的"羊毛卷"从小就被妈妈嫌恶，总是被要求把头发打理顺直才能出门。于是，当慎二看到她的直发，说了一句"我喜欢你的头发"时，凪就更不敢呈现自己真实的样子了，她只能每天早上趁男友没醒的时候，偷偷起来把头发拉直。

男友从未公开承认过他们之间的关系，甚至在和同事闲聊时对大岛凪进行各种嘲讽和挖苦，嫌弃她节俭寒酸，说和她在一起不过是出于生理上的欲

求。站在门外的大岛凪,无意间听到了这些话,无法承受精神打击的她,直接晕倒。

在病床上醒来后,大岛凪难过又失望,没有一个人守在她身边,甚至没有一个人联系她。那一刻,凪决定丢掉过去的一切:卸载了社交软件、辞掉工作、与男友分手,骑着自行车带着一床被子,来到乡下开始新的生活。

凪满怀期待地在图书馆里为自己规划未来,脑子里却是一片空白。这些年来,她一直活在察言观色中,早已经变成了一个毫无主见的假笑女孩。即使离开了过去的生活环境,她内心畏惧的东西仍然还在。她每个月都要给家里寄生活费,害怕妈妈吐槽她的"羊毛卷",不敢告诉妈妈自己真实的境遇,怕被骂没出息。

在大岛凪的身上,可以明显地看到讨好型人格的影子。她和每个人相处都是小心翼翼的,别人的一言一行、情绪波动都会让她感到紧张,她担心自己说错话、做错事、不被他人喜欢和认可。为了照顾他人的情绪,只好隐藏真实的自己,不断地降低自己的原则和底线。

讨好型人格的形成与成长经历有关,如果个体在早年时期没有被给予足够的自主选择权,或者养育者给予的爱经常是有条件的,那么个体成年后可能会缺少自信,没有安全感,习惯性地把决定权交给他人,且很难相信别人会无条件地爱自己。

从某种意义上来说,讨好型人格要讨的,其实就是一种安全感。

讨好行为的背后是不被爱、无价值感,害怕被讨厌、被抛弃,为了维系"被认可、被接受、被喜欢"的形象,遮掩起真实的自己,不敢表现出任何攻击性与伤害性。可悲的是,讨好往往换不来别人的"好",甚至连最起码的尊重都得不到。

安全感的根基来自他人(通常是养育者)的支持,在支持中才能生长出内在的力量。倘若早期没有在情感上得到很好的回应,难免会在日后的心智旅程中走一些弯路。但我们已不再是多年前的那个小孩了，我们也具备了关照自己、精进自己的能力，不必借由讨好去换得安全感，这是一条徒劳的错误之路。

把安全感寄托于外界，寄托于他人的嘉许，一旦收到负面的评价，就会感到沮丧失落，觉得自己没有价值；而后便会试图用更多"体贴"的方式去兑换正面的评价，以填充内心的焦虑不安。这就如同一个恶性循环，永远无法保证让所有人都满意，所以永远无法停止讨好，哪怕已经身心俱疲、伤痕累累。

02 嫉妒是自卑和缺乏安全感结出的恶果

任何人都会变得恶毒,
只要你试过什么叫嫉妒。

当一个人的内心缺乏安全感时,往往会对周围的环境失去信任。他很可能会生出嫉妒心,钻进自卑的牛角尖,从而变得狭隘,饱受焦虑不安的折磨。

人为什么会生出嫉妒心呢?心理学家认为:"嫉妒可能是为了对付对手的威胁而产生的,嫉妒的人觉得对手的自尊比自己高,并为此感到被贬低而心生嫉恨。"简而言之,就是嫉妒那些(自认为)比自己优越的人。

清宫小说《甄嬛传》里的安陵容是一个令人厌恶却又会勾起同情的角色。相比甄嬛与沈眉庄,她出身低微,父亲只是一个县丞,且这个官还是绣娘出身的母亲为其捐的。长年累月做绣工,母亲的眼睛坏了,父亲又娶了姨娘,她和母亲的日子一直都不好过。选秀入宫是安陵容改变自己和母亲命运最后的指望,却也是其人生悲剧的开始。

安陵容生性敏感,总是畏畏缩缩、躲躲闪闪。由于出身低微,她在宫里经常被人轻贱。她不敢表现真实的自己,同时也嫉妒拥有高贵出身、样貌才学都出众的甄嬛与眉庄。同她们在一起时,她感到很自卑,就连甄嬛与眉庄送她礼物,她都觉得是一种施舍,是在可怜她。

自卑,让安陵容怀疑别人的好意,无法心安理得接受别人的好。当别人给了她一点儿好处,她就想着如何去报答,却又总担心自己送出去的东西不够好，怕别人看不上。其实，一切都是她内心的不安全感在作祟，甄嬛与眉庄完全没有在意过，她们更看重的是情谊。

当安陵容发现，自己与甄嬛的差距是后天无法改变之时，她变得愈越发偏执和疯狂。

她无法埋怨上天，只能将嫉恨转移到甄嬛身上。只有甄嬛遇难时，她才能找回一点点平衡："姐姐入宫承宠以来，就一直很得意，没想到也有今天。我除了觉得可怜她，心里还有些许欣慰，我忽然觉得我跟她的距离拉近了许多，再没那种她高高在上的感觉了。"

因为自卑，她把"卑微""不配"挂在嘴边，对甄嬛满心嫉妒；因为没有安全感，她将皇后视为可以庇佑自己的依靠，甘心沦为任人摆布的棋子。她踏上了一条艰险的、充满执念、伤人害己的不归路，最后也只有死亡才能让她解脱。

当嫉妒感出现时，往往伴随着内心深处觉得自己不够好的声音。看到别人获得更好的资源、取得更好的成就，就会不自觉地涌现出一种不甘，看似是对他人不满，实则是对自己和现状不满，却又无法言表。这也印证了心理学家利昂·费斯廷格的社会比较理论：人在缺乏客观标准时，会利用其他人作为比较的尺度来进行自我评价。

遗憾的是，嫉妒别人无法弥补心灵层面的匮乏，更无法减缓对自我价值的否定。

《力量》一书里指出："重点不在别人有某样东西而你没有，生命将一切渲染给你，如果你感觉到对它的爱，它就会把同样的东西带给你……羡慕嫉妒别人拥有某样东西，会为自己带来负面的力量，同时以强大的力量把你想要的东西推开，反而失去你想要的。"

莎士比亚将嫉妒称为"心里的绿眼睛怪兽"，它通常是出于对自尊心的保护，是一种主观的情绪。投射在他人身上的嫉妒心，不是源于他人，而是源于自己没有安全感。嫉妒给人带来的负面影响是很大的，如占用时间、耗费精力、侵蚀思想、扭曲性格、产生消极的价值观、影响人际关系等。那么，在重建安全感的过程中，我们该如何控制嫉妒心呢？

♥ Step 1：承认

弗洛伊德说过："未表达的情绪永远不会消亡，它们只是被活埋，并将在未来以更加丑陋的方式涌现。"隐藏嫉妒不会让嫉妒消失，更可能会让它变成隐形的攻击。当我们无法逃离自己的感觉时，最好的处理方式是承认嫉妒的存在——"没错，因为……我嫉妒了。"

♥ Step 2：沟通

不要在脑海里胡思乱想，这对于控制嫉妒心没有任何好处，更有效的做法是清晰地表达出你的感受，针对诱发嫉妒心的人和事，以第一人称说出自己的想法。以第一人称表述的好处在于，强调"我的感受"；若是用第二人称表述，就变成了"你的做法让我……"，让对方感受到的是指责，这样的沟通不利于获得对方的理解和共情。

♥ Step 3：解决

表达完自己的感受之后，就要去倾听对方的想法了，这也是消除疑虑、解决问题的关键。借由对方的表述，你可以了解事情的原委，或者跳出自己的视角，看到事实的另一面。如此，你会更容易释怀，也不会因嫉妒而盲目地做出一些愚蠢的、伤人的行为。

如果你无法独自摆脱嫉妒的折磨，也可以向专业的心理咨询师求助，他们会帮助你更好地理解、认识自己的感受，同时帮助你找到应对嫉妒的有效方法。

03 把自己内心的负面情绪投射给他人

要用大量的证据来证明爱，
其实是在证明不爱。

从某种意义上来说，所有关系的本质，都是对自我关系的投射。当内心深处的问题解决了，外部的问题也就结束了。如果还无法做到全然接纳某些问题，往往说明内心残留的问题尚未处理好。

伊莎是一位优秀的女性，她希望自己的孩子也是优秀的。从怀孕开始，她每天都会进行胎教；孩子2岁起，又带他去上早教。刚进入幼儿园时，孩子表现得很出色，可到了中班阶段，孩子就出现了一系列的"行为问题"：不遵守纪律，抢其他小朋友的玩具，动不动就大哭大闹……伊莎十分焦虑，就带孩子去看了心理医生。结果，心理医生暗示说，孩子的问题与家庭教育的模式有一定关系。

对于心理医生的说法，伊莎起初并不接受，可随着家庭治疗的深入，她渐渐意识到自身确实存在一些问题。她内心缺少安全感，害怕被人看不起，所以她从小到大一直很努力，希望让自己成为一个"优秀"的人，她排斥平庸的特质，讨厌落后于人。由于对平庸极度敏感，在有了孩子之后，她就将这一情结投射到了孩子身上，总是不自觉地看到孩子平庸的部分。

如果伊莎接纳平庸的特质，她就会允许孩子有平庸的部分，而后伴随孩子一起成长。可是她不接受平庸，认为平庸是可耻的，坚决要"消灭"孩子的平庸特质，结果就与孩子的平庸特质（同时也与孩子）进入了敌对的状态。在这样的状态中，孩子是不舒服的，他也必然会反抗。结果就是，他会表现得越来越糟糕，出现一系列的行为问题。

没有安全感的人经常会被恐惧、焦虑、烦躁裹挟，他们的内心残留着一些无法接受的东西，为了摆脱内心的不安，他们很容易将负面的情绪投射到其他人身上。这种不安全感在恋爱的人身上体现得更为明显和彻底。

苏穗有些敏感多疑，总想验证男友是否对她一心一意。她最常做的一件事就是偷看男友的手机，包括通话记录、微信聊天，看他都与谁联系过，说过什么。男友不太喜欢苏穗的做法，就坦白地说出了自己的不满，希望她以后别再这么做了。

听着男友的指责，苏穗的自尊心跌落一地，她感觉自己受到了羞辱，也担心男友不再喜欢自己。更让苏穗痛苦的是，不能再像从前那样翻看男友的手机后，她的疑心病开始无限放大，经常无法自控地想象男友背叛自己的情景，闹得自己心神不安。

不少恋爱中的人有过和苏穗一样的经历，总是通过折腾的方式去验证对方在乎自己，对自己足够忠诚。他们为什么要这样做呢？就是因为没有安全感，无法作出正确的判断，故而把内心的不安全感投射出去，但凡有一点儿风吹草动，就会让他们觉得印证了自己的假设。

没有安全感的人，特别喜欢假设别人的想法，没有经过询问求证，就自以为是地胡乱揣测，且通常都是往负面的方向去猜测，这是一个可怕的"自证预言"的过程。说到底，我们的喜好或厌恶，与外界和他人的关系并不大，更多的是潜意识的投射，是内在心理的压抑或是情绪的外化。当我们在某一段关系中体验到焦虑不安时，与其指责对方，不如聆听自己的感受，看看自己真正在抗拒和排斥的到底是什么。

04 用囤积行为对峙内心的不安全感

比起大刀阔斧的断舍离,
了解过度囤积的心理成因,
才能真正在身心和环境上腾出空间。

看日剧《为了N》时,我不止一次对女孩希美感到心疼,同时也为她的人生感到难过。

希美在读高中之前有个幸福的家,父亲是小岛上的官员,家境优越。殊不知,表面上风平浪静的生活背后,藏匿着父亲对母亲及其家族多年来的隐忍与不满。后来,父亲把外遇对象带回家,将希美、弟弟和妈妈全部赶出家门,给他们在偏僻处找了一个小房子,承诺在孩子成年之前,每月提供基础的生活费用。

从未独立生活过的母亲,没有赚钱养家的意识和能力,仍然沉浸在过往的富太太生活中不愿醒来,沿袭着过去的消费作风,把孩子的生活费用来购买高档护肤品,让希美和弟弟连饭都没得吃。在饥饿的折磨中,为了能让自己和弟弟有口饭吃,被逼无奈的希美彻底抛弃了尊严,给父亲的新妻子下跪,以求得怜悯。

因为有过挨饿的经历,希美对食物产生了一种特殊的情结。剧中不止一次提到,希美的饭量很大,即便是后来读了大学,拥有了体面的工作,她仍然会制作出许多份便当,塞满整个冰箱。似乎只有这样做,她才会感到心安。

影片的最后,希美并没有过上所谓的幸福生活,她患了胃癌。仔细想想，这样的结局充满了悲凉，也令人唏嘘：希美的胃癌，是否与她长年累月暴食和吃不新鲜的食物有关呢？剧中没有给出答案，可是当希美说出她得了胃癌时，我既感到吃惊，却也觉得她患"胃"癌并不只是一场单纯的意外。

没有安全感的人，就像是一个有破洞的杯子，无论从外面讨得多少爱，都无法将其填满，因为它的内在是不完整的。所有的不安全感，都是来自内在匮乏的无限放大。

早年经历过食物匮乏的希美，内心留下了无法抹去的阴影，她对饥饿充满了恐惧，也在无意中形成了过度囤积食物的习惯。当然，不是所有人都有和希美一样的经历，但以囤积行为（囤积信息、囤积物品、囤积人脉等）来弥补安全感的人却不在少数。

在原始时代，囤积关系生存。人类最初是靠打猎为生的，后来逐渐发展到种植圈养，无论是哪一种方式，都是将生存资料留存起来，以备不时之需。置身于现代社会，囤积更多地与安全感有关，一个人对待物品的方式，往往折射着他对爱与被爱的感受。

如果你总是不自觉地囤积物品，且意识到自己的生活和精力已经被过多的物品侵占时，也许会有人建议你"扔扔扔"。其实，在大刀阔斧地进行"断舍离"之前，我更希望你能静下心来思考一下：我为什么要囤积这些东西？我有哪些情感和需求想被看见？我是否在弥补过往的某些缺失与匮乏？扔东西无法从根本上解决问题，只有补上心里的"破洞"，才能够将内心填满，从而摆脱恐惧与不安。

05 回避依恋，害怕与人建立亲近的关系

当你放弃受伤的可能时，
你也放弃了幸福的机会。

David的初恋是从大二开始的，持续了两年之久。可无论是在刚开始交往时，还是在关系进入稳定期后，David始终觉得自己处于一种"爱无能"的状态，心里的某一部分是沉寂的、冷漠的、封锁的。

初恋女友对David倾注了真挚的情感，也做了不少动人的事，David只是表面上扮演出很开心的样子，因为他知道对方期望自己做出积极的反馈，实际上在大多数时候，他的内心毫无波澜，没有感动和开心，甚至会觉得有些疲惫和烦躁。

毕业那年，初恋女友和David分道扬镳。

此后，David也有过几次短暂的恋情，都是稀里糊涂地开始，又稀里糊涂地结束，没有持续太久，他似乎是在用热恋期的兴奋来掩盖"爱无能"的事实。直到去年冬天，David认识了盈盈，他对盈盈一直是若即若离，心直口快、性情坦荡的盈盈直截了当地挑明了这一点："我觉得你在感情方面一直与人保持着距离，有时候我觉得你特别冷漠。"

David先是惊诧，后向盈盈坦言，说自己也感觉到了，但不知道是什么原因所致。顺着这个话题，两个人开始深入探讨，David平生第一次说出自己的真实感受："我觉得心里像是有一面玻璃墙，什么都能看到，却阻挡着我去表达自己的情绪和感受。有时，我也会为自己的行为感到羞愧和困惑……"说完后，两个人都沉默了，而后David忍不住开始流泪。

在沉默之中，David想到了很久以前的一些事。那时候，他还在读小学，家里的氛围一直都是死气沉沉的，父母的关系很紧张，冷战是常态；要是哪天开口说话了，迎来的也是大吵大闹。David的父亲性格暴躁，总是挑剔指责他人，母亲的情绪也不稳定。待在一个充满了压抑和焦虑的环境中，David一直被紧张不安包裹着。有时，一听到家门锁打开的声音，或是父亲用严肃的语气呼唤自己，David就会出现呼吸急促、手指颤抖、胃缩成一团的生理反应，那些原本再正常不过的生活细节，在David看来都可能是"暴风雨"的前兆。

David没有勇气，同时也没有做好准备，将过往的这一切告诉盈盈。可是，他仍然感谢盈盈，若不是她的追问，也许自己一直都没有机会意识到：有些事情，原本以为早已忘记，却不承想，它们可能会影响自己一辈子。

长期生活在一个时刻被无法逃避的焦虑感淹没的环境中，为了适应环境、保护自我，个体就会在内心筑起一面墙，这面墙的存在意义就是实现"阻隔"——不去体会自己的情绪，不对引起情绪波动的事情做出回应，不与他人探讨自己的感受，也不去考虑他人的感受。只有这样，才能感觉到"安全"。

像David这样的人，在现实生活中并不少见：他们不太喜欢讲自己的事情，经常一个人独处，避免与他人亲近；与父母关系疏远，也不喜欢组建家庭、生养孩子；看似开朗随和，其实没有一个真正的朋友，与谁的关系都是淡淡的，一旦关系变得更亲近时，就想逃离。

日本心理学家冈田尊司说，这就是所谓的回避依恋：只要谈到承诺或长期的关系，就会压力倍增，原来对这段感情的热情，也会一下子消退。回避依恋的人内心存在一个假设：太过亲密或太过依赖，一定会受伤。他们并不是真的不在意朋友或伴侣，而是他们对受伤的在意更胜于关系。选择疏离，是对人际关系的不安；不敢投入情感，是害怕自己会受伤。

不难看出，回避依恋的核心问题在于"不安"，那要怎样才能缓解不安呢？

答案很简单——人与人之间的联结。尽管回避依恋的人在心里构筑起一面高墙，但他们内心深处仍然是渴望与人联结的，只是因为太害怕受伤，总担心遇到尴尬，或是不知道别人会如何评价自己，才把人际关系推得远远的。

回避依恋的人想要从根本上解决内心的问题，重获安全感，唯一的方式就是建立稳定的关系，这个关系不仅局限于亲密关系，也可以是亲情、友情或咨访关系。

不要被自己想象的结果束缚，就如冈田尊司所言："我们能够选择的不是结果，而是现在这个当下怎么活……一味地逃避活下去是一种方式，放弃逃避、毫不畏惧地面对伤害也是一种方式，就看你怎么选择……但无论如何，就算结果会失败，我们还是有挑战的自由。"

06 无法适应分离，总担心自己被抛弃

控制一个人，
就是他要反抗你的开始。
理想化一个人，
就是你要嫌弃他的开始。

在人际关系中，安全感主要体现在三个层面——接近、分离、重聚。

接近，意味着不害怕与人建立亲近的关系，有爱与被爱的能力，对情感保持开放的态度。

分离，意味着可以容忍自己在意的人（家人、好友、伴侣）暂时离开，允许他们偶尔会粗心大意，偶尔会忽视我们，偶尔会说错话伤到我们。

重聚，意味着等到自己在意的人（家人、好友、伴侣）再度出现，把注意力重新放在我们身上时，依然可以敞开双臂接纳对方，与之保持亲近的关系。

在正常情况下，我们不可能与某个人一天24小时黏在一起，也没有一个人能够永远满足我们的需求。缺乏安全感的人，很难顺利完成接近、分离、重聚的过程，与他人的关系出现任何风吹草动，都会焦虑不安，要么步步紧逼试图控制，要么失望地切断关系。

提出依恋理论的心理学家鲍尔比认为，个体在出生后会与抚育者（通常是父母）产生一种依恋关系，当抚育者给予个体无条件的爱时，个体就会产

生安全依恋；当与抚育者的关系不确定时，就会产生焦虑依恋，甚至是回避依恋。

陈晓在讲述自己和妈妈的关系时，声音一度哽咽。

我从来没有和妈妈亲昵过，甚至连拥抱都没有。记得小时候，每次我想贴近妈妈时，她总是把我推开，说女孩子不该做出这样的行为。当时我还没有对错的概念，就认为妈妈说的话一定是对的。妈妈对我要求严格，考试得高分似乎都是我的本分，她从来没有表扬过我，可凡有一件事做得不好、一次成绩不理想，她就会指责我、批评我。

大学毕业后，我遇到了现在的爱人。他性格温和，给了我很多鼓励、支持和肯定，让我发现自己也是有价值的。我很迷恋这种感觉，也很享受这样的关系，觉得他的出现弥补了我过去所有的遗憾。后来，我们结婚了，可我发现自己变得比过去更焦虑了。

我在乎他，也在乎这段感情，可越是在乎，就越怕失去。在不安全感和焦虑的怂恿之下，我不断地讨好爱人，不断地变成他喜欢的样子，惧怕分离，甚至在他出差的日子里寝食难安。

安全感是一种掌控感和确定感，即相信这个人不会离开自己，这段关系是可控的。缺乏安全感，就会怀疑对方会离开自己、抛弃自己。从小没有获得过关爱的陈晓，内心是匮乏的、焦虑的，在和爱人的关系中，她需要不断地去证实自己存在的价值，证实自己值得被爱。

焦虑依恋的人是很痛苦的，这种痛苦源自他们对亲密关系的要求太过理想化，希望伴侣永远满足自己的期待，顺从自己的心意，却不曾考虑伴侣的性格特质、真实需求和感受。

他们渴望的是一个完美的伴侣，能始终跟随自己的节奏，一旦发现伴侣不如想象中那么完美，就会对伴侣、对这段感情产生怀疑，认为伴侣不爱自己，认为自己就要被抛弃。实际上，这一切都是因为他们对自我没有清晰的认知，从而导致安全感不足。

想要消除焦虑，走向安全依恋，需要从内外两方面共同努力：一是培养自我关怀、自我肯定的能力；二是表达自己的真实感受，获取真正需要的东西。

当你感到焦虑、惧怕失去时，你要理解自己的这种感受，并告诉自己——是我内心的不安全感在提醒我，我需要好好关爱自己、相信自己。同时，坦然地告诉你的伴侣——我不是想要控制你、怀疑你，我只是需要得到你的回应和支持，才能减缓内在的焦虑情绪。如果有哪里做得不太合适，也希望你告诉我。

如果你的焦虑已经无法凭借自身力量克服，那么建议你寻求专业的帮助。心理咨询师会以更加专业的方式陪伴你去探索焦虑不安的起源，逐步修正内在的不合理信念，让你在亲密关系中重获安全感。

07　以攻击的方式来满足安全感的需求

每一个缺乏安全感的心灵背后，
都隐藏着对"被伤害"的恐惧。
潜意识里对外界投射更多敌意的人，
在现实中往往也更加缺乏安全感。

大概是八九年前，某卫视频道推出过一档栏目，用纪实的手法展现了几个孩子适应小学生活的情景。这档节目是在一所寄宿学校拍摄的，有不少父母认为把孩子送到寄宿学校，既能培养孩子的独立性，也可以节省自己的精力，更好地平衡事业与生活。然而，有些父母并不知道，孩子独立生活的前提是与父母拥有良好的、安全的依恋关系，如若不然，孩子根本无法承受分离焦虑的恐惧，这可能会给他们留下一生的阴影。

栏目中有一个叫M的小孩，他是所有孩子中想做到最好、最渴望获得认同的一个，可最后他也成了制造问题最多、同学最不喜欢、老师最为头疼的孩子。导致这一情况的根本原因，在于M的内心缺少安全感和价值感。

心理学研究发现，内心安全感不足的孩子往往具有很强的攻击性。M在第一集里就骂同学是"傻瓜""笨蛋"，甚至在医务室里骂老师是"丑八怪"；他经常与同学争抢东西、打斗。从表面上看，M是一个强势的、霸道的孩子，可实际上他的内心很脆弱、很不安。

后续的节目中，M在上语文课时给自己的头上套了一个塑料袋，原因是害怕同学会偷袭自己。他在和同学相处时，时刻都保持着警惕，总觉得别人对自己不友好，怀疑别人想要伤害他。于是，他便先下手为强，以攻击的方式来保护自己。

M之所以会出现这样的行为问题，除了与生俱来的气质特点以外，其家庭教育也值得关注。据M的妈妈讲述，在M出生一年多的时间内，他们换了6个保姆！不得不说，这件事情对M的安全感造成了极大的伤害，因为安全感需要稳定的依恋关系和依恋对象，频繁地换保姆，就等于让M不断经历分离焦虑、适应陌生人的痛苦。

人类有一种心理防御机制叫作"反向形成"，即表现出和自己内心完全相反的态度和行为倾向，以此来掩饰内心真实的情绪感受。针对攻击行为，心理学家曾奇峰也说过："一个人没有安全感，是潜意识中对他人有敌意，然后把这种敌意投射成环境对自己的威胁。"

婴儿在0~6个月时都处于全能自恋的状态，认为自己与世界万物是一体的。在这一时期，如果母亲将其照顾得很好，饥饿时给予哺乳，让他吃饱，他就会把这种舒服的感觉投射给妈妈，认为自己是好的，妈妈是好的，乳房也是好的。被充分满足全能自恋感的婴儿长大后，对外界的敌意会更少，安全感也更高。反之，如果在婴儿期没有得到很好的照料，他可能会认为自己是不好的，妈妈也是不好的，乳房也是不好的。婴儿把自恋受挫的无助感变成了对妈妈的攻击，而这种攻击也会在成年后不时地涌现出来。

现在，你已经了解了"投射"这一概念，当不安全感再次涌现时，你不妨停下来，向外看一看：我现在真的处于不安全的状态吗？而后，再向内觉察：我是不是对这个人、这个环境存在着自己没有觉察到的敌意呢？这个敌意真的合理吗？

切记，无论这个敌意是什么，不要去批判自己。如果它是不合理的，你会打消之前的疑虑；如果它是合理的，你要做的是确认和接纳，允许含有敌意的想法流淌，它的出现只是一个提醒，允许它存在本身就是一种释放，不需要真的与他人大动干戈。

PART 3

接纳真实的、
不够好的自己

01 ◈ 完美主义是遮掩安全感不足的面具

不安全感是一种深刻的自我怀疑倾向，
缺乏安全感的人不确定自身的基本价值，
很容易对人际关系产生无端的焦躁与忧虑。

我们总以为，缺乏安全感的表现是单一的，如怯懦胆小、患得患失、畏首畏尾……殊不知，有些外表强势、侃侃而谈、能力突出的人，内心也极度缺乏安全感。缺乏安全感的表现是多样化的，且往往携带着伪装，那个在公众面前表现得无可挑剔的人，也许正饱受着低自尊的煎熬，因为完美主义是缺乏安全感最大的面具。

完美主义者给人的印象经常是光鲜亮丽的，然而一个人的自我价值感，往往与客观现实无关。完美主义者幼年普遍缺少关爱，或是只能得到有条件的爱，因此他们坚信只有做到完美才值得被爱。在这一不合理信念的支配下，他们病态地追求理想化自我，寻求外界的肯定，若不能实现，就会陷入崩溃之中。

米琪为婚礼精心筹备了很长时间，为了能够穿进那件美丽的婚纱，她整整3个星期都没有吃固态食物。她对自己的要求一向很高，6岁时想将来要学习俄罗斯文学，13岁决定将来要就读布林茅尔学院。自幼生活条件优越的她，接受过良好的教育，人又长得漂亮，如今又将嫁给心仪的男士，这样的人生实在令周围人羡慕。

婚礼过后，米琪努力成为一个完美妻子。她把生活打理得井井有条，全身心地支持丈夫的工作，协助迷上戏剧表演的丈夫精进他的演出。为了维护在丈夫心中的完美形象，她每天晚上要等丈夫熟睡后才去洗手间卸妆、护肤、卷好头发，再把窗帘往上拉一点点，才开始休息。第二天早上，趁丈夫还在酣睡之际，再悄然起身装扮，以精致的形象重回卧室，始终以最精致的样子出现在丈夫面前。

为了保持身材，米琪每天用尺测量身体，保持身材十年不变。平日里出行，她也要求自己从头到脚必须精致。世俗中定义的幸福，米琪似乎都已经拥有：舒适的大房子、工作稳定且体面的丈夫、一双可爱的儿女、优秀出众的自己、照料家务的保姆……俨然就是世人口中说的人生赢家。

直到有一天，米琪的丈夫搞砸了演出。涌起怒火的他，冲回家收拾自己的衣物，并告诉米琪，他和秘书在一起了。对，就是一个连电动卷笔刀都不会用、粗心笨拙得能把衬衣穿反两次的女孩。

米琪活得太过精致了，精致得像一具人偶，像戴上了假面，没有喜怒哀乐的情绪波动。与她相比，丈夫的不完美显而易见，在俱乐部出糗之后，他害怕自己在米琪心中的完美形象崩塌，故而选择了逃离……这是故事的结局吗？不，婚姻的破裂，成了米琪找回自我的契机。

米琪发现自己有喜剧天赋，并参加了脱口秀。舞台上的她，言辞辛辣有趣，她吐槽丈夫、吐槽父母、吐槽生活，扔掉了曾经小心翼翼地顶着的完美头衔，摘下了生怕露出"小马脚"的假面，灵动鲜活，大放异彩。在潮水般的喝彩声中，米琪感受到了发自内心的喜悦。

人总是不甘心去接受真实的自己，一旦没有美貌、优秀、成功加身，就很容易感到不安，或是妄自菲薄。对自己有要求、不断追求精进，固然没有错，但请记得：不是越完美，就越值得被爱；也不是精致到严苛，就能成为人生赢家。在生活面前，真实才是最震慑人心的。

02 摘下面具，叫停虚假自我造成的内耗

因为无法容忍自己真实的形象，
才会创造一个理想化的人设。
这一形象看似可以补充对真实自我的不满，
实则只会加剧对真实自我的厌恶。

心理学家荣格认为，每个人都有一副"人格面具"，这副"人格面具"是人经过对自我人格的伪装向社会展示出来的。许多人煞费苦心地经营人设，其本质上是无法接受真实的自我，利用"人格面具"来呈现出一个理想的、完美的自我形象。

长期躲在"人设"的面具背后，会发生什么呢？答案就是，越来越不敢面对真实的自己。如果有一天，这个"人设"遭到了他人的攻击，个体就会本能地去维护自己理想化的那个形象，处在无意识的自我防御之中，处在无意识地对别人攻击的认同之中，从而迷失自我。

2015年，澳大利亚超级网红Essena O'Neill关闭了所有的社交平台，宣布退出网红圈，一时间引起了外界质疑与争议。对此，O'Neill的解释只有一句话："我并不是你们认为的'我'。"

她指出，Instagram上那些好看的照片，多数是为了迎合粉丝，看起来是漫不经心地随手一拍，其实每一张都大费周折。随着粉丝数量的增加，点赞数量成为衡量她的唯一标尺。她感到前所未有的压力，开始被惶恐不安裹挟，害怕某一天被人发现自己在生活中的真实模样。

在这样的状态下，O'Neill意识到，她过的只是"看起来很美好"的生活，而不是自己想要的，更不是真实的生活。在设计好的角色中，她获得了赞美与认可，却离真实的自己越来越远。她成了一个活在屏幕里的人，跟虚幻的昵称互动，一切如泡影。

为了不让人设崩塌，她活得如履薄冰。这种忧虑不安让O'Neill极度压抑，游走在崩溃的边缘。最后，她选择勇敢地摘下面具，并分享了自己的经历与心得："如果你正在关注社交网站上的红人，且希望自己能和她们一样，那么我想告诉你，你看到的只是她们希望你看到的东西……我最好的年华大部分用在了社交网络里，为了获取所谓的社会认可、社会地位，可那些都不是真实的。"

摆脱社交网站羁绊后的O'Neill，看起来远不如从前完美，可她比从前自在多了。

人设是一个圈套，把原本有瑕疵不足的普通人，套进了完美无瑕的框架。一旦被发现二者之间存在差异，人设就会轰然倒塌。更令人痛苦的是，从人设诞生的那一刻开始，就像是撒了一个弥天大谎，往后的日子都要提心吊胆地去维系这个谎言，由此产生的精神内耗是巨大的。况且，一旦套入某种人设，就注定要活在别人的期待中，也必然要压抑许多真实的感受。久而久之，不被理解的孤独、无法活出真实自我的压抑，都会变本加厉。

03 自我接纳从承认自己"不够好"开始

接纳自己，
就是接纳真实的自己，
即那个不够好的自己。

接纳人与人之间的差异，是一种对人的基本尊重。有些时候，我们可以做到在他人犯了错误时予以谅解，把对方视为普通人，承认他有自身的局限性。然而，当同样的问题发生在自己身上时，却很难做到自我接纳和自我谅解。

为什么接纳自己如此艰难？原因就是，我们在内心构建了一个"理想自我"，而这个"理想自我"的设定，通常是根据外界的评判标准制订的。一旦达不到这些评判标准，我们就会感到痛苦，不喜欢现实中的自己。外在的评判标准也很容易让我们陷入与他人的比较之中，一旦有人在某些方面优于自己，而自己又达不到标准时，就会产生自我怀疑和自我否定。

如果一直怀疑自己、否定自己，生活中的一切必然会受到负面的影响。住在心里的那个"批判家"，时刻准备抓住我们的失误和弱点，而后做出严厉的批评，让我们陷入痛苦的情绪中，对自己感到失望，摧毁自信。反之，如果能够无视或在必要时反驳这个"批判家"，完全地接受自己，认为自己是值得被爱的、有用的、乐观的，那么无论自己有多少缺陷，曾经犯过多少错，都可以平静坦然地接受，没有丝毫抵触与怨恨。

至此，你可能想问：究竟怎样才算是接纳自己？又该如何去做？

接纳自己，是指接纳真实的自己——那个不够好的自己。这里涵盖了两方面的内容：

其一，认识到不是所有的改变都可以达到外界的评判标准，每个人都有局限性，有些事情就是无法改变的，如令你不满意的身高、身材比例等，要承认并接纳这一事实。

你可能觉得不可思议，明明不喜欢那些缺陷，为什么要接受？怎么接受呢？

首先，承认镜子里的那个形象就是你真实的模样，接受它，会让你感觉舒服一点。其次，身体的某些部位可能符合你的完美标准，而有些部分则不太符合你的理想……此时，不要逃避，也不要抵触和否认，尝试放弃"公有化"的标准——众人眼里、口中说的"好"，转而用自己的标准来看待自己、接受自己、肯定自己。

其二，接纳自己，就是接纳自己本来的样子，允许自己有不足，有做不到或做不好的时候，同时也肯定自己的长处，相信自己的潜能，看到自己的努力。说得再直白一点，不嫌弃现在的自己，在可以精进的地方付诸努力，就是成长，也是爱自己的表现。

04 怎样摆脱内在批判者的控制与支配

没有一种批判比自我批判更强烈，
也没有一个法官比我们自己更严苛。

你听过这句话吗——"每个人距离自己是最远的"？

这里说的"远"，指的是人们对自己不够了解，无法客观正确地进行自我评价。哈佛大学心理研究中心的资深教授乔伊斯·布拉德认为：自我评价是人格的核心，它影响到人们方方面面的表现，包括学习能力、成长能力与改变自己的能力，以及对朋友、同伴和职业的选择。

无法对自己作出客观的评价，就会习惯性地低估自己、怀疑自己，很难做到自尊与自爱。想要的不敢争取，总觉得自己不配得；有机会不敢去抓，不相信自己有能力做到；看不到自己的长处，总是拿自己的短处去跟别人的长处比较，敏感又自卑。

在现实生活中，时刻影响我们自尊水平的因素，不是外部环境，而是我们的认知。从这个角度来说，软弱的根源就是自我价值感太低。纳尔逊·曼德拉说过："我们最深切的恐惧并不是来自我们的胆怯，而是我们无法衡量自身的强大。我们常问自己，谁具有才华、天赋、能创造神话，而谁不能？其实，我们与生俱来就拥有上帝般的才华。"

你可能长得不漂亮，但你很健谈，善用语言与人沟通；你可能有点儿孤僻，但头脑冷静，总能理性地分析问题……每个人都是独特的，都有优势和短板，不存在完美至极的人，也不存在一无是处的人。重要的是，你能够看见真实的自己，客观地去评价自己。

人生最重要的关系，就是自己与自己的关系。很多时候，我们焦虑不安、自责内疚、懦弱胆小，不是因为自己不够好，而是因为内在有一个严厉苛刻的批判者，不停地对我们进行挑剔和指责——你不太聪明、你能力不够、你长得不好看、你胆子太小……认同了这些话，我们就会持续地吸引他人强化这些声音，更加自惭形秽。

要摆脱内在批判者的控制和支配，就要提高觉察力和辨别力。当你在生活中遇到问题，忍不住想要进行自我批判的时候，不妨先冷静下来，扪心自问：

（1）这到底是事实，还是头脑中的想法？

（2）如果是事实，我要为眼前的情形承担多少责任？

（3）我自身存在哪些问题？

（4）今后再遇类似的情形，我需要注意什么？

设置这些问题的意义在于，它们可以斩断"无意识地将内在批判的声音当成真理"的自动模式，让思考更客观、更趋于理性。经过逻辑思考之后，如果发现头脑中那个"自我批评的声音"不是事实而是想法时，不必认同它，也不必与之对抗，试着与它保持一点儿距离，然后把注意力放在那些自己认为更值得、更重要的事情上。

当我们不再受困于内在严厉苛刻的批判声，学会用客观公平的目光全面地审视自己时，往往可以更好地探索出自己特有的标准和自信，收获稳定而持久的安全感，有足够的力量去承认——我不必完美，真实本就意味着有好有坏。

05 别人对你的评价，不代表你的自我价值

他人的评价可以帮助我们认识自我，
但这不代表他们的评价都是正确的，
更不意味着你要全盘接受那些评价。

人们常常过分看重别人对自己的评价，这是人性中的一大弱点，也是诱发焦虑不安的一大原因。正如三毛所言："我们不肯探索自己本身的价值，我们过分看重他人在自己生命里的参与，过分在意别人的评价。于是，孤独不再美好，失去了他人，我们惶惑不安。"

他人的评价，有时可以帮助我们认识自己，但这并不代表他人的评价都是正确的，若是不懂得分辨，将其中那些否定自己、怀疑自己的话视为真理预言，无异于沦为了他人的傀儡。

既是他人的评价，就意味着发声者是以他的立场、他的经验，提出对我们所做之事的看法，并不总是客观事实。面对复杂的、多样化的评价，甚至是人身攻击时，如何正确地看待它们是一件至关重要的事，因为它会影响我们当下的情绪，乃至往后的人生。

美国女演员索尼娅·斯米茨，读书时曾经被班里的一个女孩子嘲笑长相丑陋，跑步姿势很难看。索尼娅很受伤，回家后在父亲跟前大哭了一场。父亲听后，并没有安慰她"你很好看，跑步的姿势也不差"，而是跟索尼娅开玩笑说："我可以够得着家里的天花板。"

索尼娅有些沮丧，她没有得到想要的回应，更不知道父亲为什么要把

话题扯到天花板上。要知道，天花板有4米高，普通人怎么可能够得着呢？见她不解，父亲问道："你不相信，是吗？"索尼娅点点头。父亲接着说，"这就对了！所以，你也不要相信那个女孩子说的话！要知道，不是每个人说的话都是事实。"

索尼娅应该很庆幸，有一位风趣又睿智的父亲。父亲的提醒，让她没有听信同学对自己的恶意评价。否则的话，多年后的她一定没有勇气自信地站在镜头前，尽其所能地饰演角色。更可能发生的情形是，她会在很多场合中不断地暗示自己："我不好看，动作也不协调……"

达·芬奇在画《最后的晚餐》时，耗费了整整4年的时间。这4年里，他不断受到外界的质疑，有人说他是个骗子，根本没有真才实学。对于这些猜测，达·芬奇选择不理会、不计较，专心作画。为了塑造好叛徒的形象，他不惜花费了一整年的时间去寻找"坏蛋"，对他们进行细致入微的观察……在自信和勤奋之下，《最后的晚餐》最终成了一幅惊世之作。

人生的舞台很大，会有各种角色蹦出，也会有不同的声音涌现。可是，无论怎样，我们都要记住，这场戏的导演始终是自己。他人的评价就像一块石头，可以被它绊倒，也可以把它踩在脚下，选择权在我们自己手里。

06 人最坦然的时候，是成为自己的时候

只有接纳了内心的阴影，
才能够享受到它的馈赠。

人性中那些丑陋的，那些让我们不舒服的，甚至是罪恶的东西，就深深地植根在我们的生命之中，甩不掉它们，也杀不死它们，因为那就是人的一部分。不过，让生活变得糟糕的，并不是人性中这些丑陋的东西，而是我们对丑陋的不接纳，不接纳的同时又没有办法根除它们。唯有承认不完美是常态，接纳了真实的、不够好的自己，才能消除内心的拧巴感。

Chris是我的老友，他厌恶常年酗酒的父亲，从他记事起，父亲就总是喝得醉醺醺的，在家里喋喋不休，或是跟母亲吵架。所以，Chris对喝酒这件事很抵触，在他看来，酒不是好东西，喝酒不是好事，喝醉酒更是不可饶恕的错误。

一直以来，Chris都告诫自己不要喝酒，不要像父亲一样。无奈的是，一旦遇到了烦心事，他就忍不住借酒浇愁，喝过之后又陷入深深的自责与愧疚中。偶尔喝多了，他也会滔滔不绝地发表言论，酒醒后又大骂自己没出息，一连几天都很沮丧。

周围人不太能理解Chris的痛苦，在他们看来，闲来无事喝点儿酒，仅此而已，有必要痛骂自己吗？从事心理工作多年，我知道Chris的痛苦并不在于"酒"，而在于他内心的"自我幻象"。这个幻象是完美的，是可以掌控自我的，是可以抗拒酒精诱惑的，是与酗酒的父亲不一样的。可是，回到现实

中，真实的他在遇到挫折时，也会借酒浇愁，这与他想象中的自我有太大的落差。

早年的家庭环境，尤其是父亲酗酒的恶习，不可避免地给Chris带来了创伤。他厌恶父亲对酒精没有自制力，当自己偶尔借酒浇愁的时候，又将这份厌恶投向了自己。其实，不只是Chris，多数人对于内心的阴影——存在于我们身上，而我们又往往极力掩饰、压抑和否认的特质，都会本能地抗拒和排斥，想与之划清界限。

尽管我们不愿意直面内心的阴影，可它们不会因为主观上的否认而消失，只会在潜意识中藏起来，悄悄地影响我们对自己的认同感。当我们的注意力稍微松懈一点儿，它们就会从潜意识里冒出来。为了压抑它们，我们要付出巨大的精力，而这种付出毫无意义。

相比逃避、否认和压抑，承认和接纳阴影对我们更有帮助。这种接纳，建立在平静对待自己的每一项特质上，既不刻意彰显，也不刻意隐藏。你可以将那些瑕疵和缺陷视为整体的一部分，用善意和宽容来看待。当对某件事物感到恐惧和不自信时，不必假装"不怕"，而是坦然地面对这一现实并对自己说："我心里有点儿担心，不过没关系。"

欧文·亚隆的自传《成为我自己》，用质朴真实的语言记录了他"成为自己"的历程。作为当今世界上最著名、最有影响力的心理治疗大师之一，亚隆先生在心理治疗方面的成就自不用说，但更值得敬佩的是——他坦然地把自己最真实的生命经历娓娓道来，有恩爱、荣耀与辉煌，也有悔恨、无助与彷徨。

欧文·亚隆的一生都在探索、分析和重建自我，可是到了耄耋之年的他，依然说自己的内心深处有一泓永远都处理不了的流水——"我与母亲的关系是我一辈子的伤痛，我可能永远也无法摆脱"。那又怎么样呢？每个人都不完美，生活总有缺憾。亚隆先生选择了接纳自己、接纳不完美，带着伤痛继续前行。

这难道不是从旧我中生出新我，从心理创伤中找到力量的正解吗？

我无比地热爱这位真实的老人，他用真诚的态度让我理解了一个真谛：你可能无法成为"更好的自己"，但你一定可以"更好地成为你自己"。在心理治疗方面，亚隆先生的成就是常人难以企及的，可他同时也和千千万万的普通人一样，对父母有爱恨怨憎，也曾回避过自己的某些部分，他并不完美，却无比真实。愿他的这份真实，也能够给你带去一些力量，让你更有勇气面对真实的生活，更好地成为你自己。

07 抛开对完美的追求，变身最优主义

完美主义者认为人生应该是一条平滑的直线，
最优主义者则把人生视为不规则的、螺旋式上升的曲线。

女孩小蕊经常不自觉地用自己的短处跟他人的长处比较，越比越觉得自己不如人。她总是关注自己做得不好的地方，忽略自己做得出色的地方，一旦出现纰漏，她就会焦躁不安，并将所有的责任都归咎于自己，认为自己很糟糕、很没用。

积极心理学大师泰勒·本-沙哈尔，将不适应的、神经质的消极完美主义称为完美主义，将适应的、健康的积极完美主义称为最优主义。

很显然，小蕊就是一个典型的完美主义者，她对自我的要求极其严苛，对失败有强烈的恐惧心理。在她看来，如果不能做到最好，那就是最差；如果不能完美至极，那就是一无是处，不存在中间地带。由于过分关注结果，她总是给自己设定过高或不切实际的目标。

最优主义者则不然，他们能够看到两个极端之间的其他可能性，在追求目标的同时，会享受过程中的美好。即便最终的结果不是100分，他们也能在80分或70分中找到价值和满足，并将其中的不足视为成长的反馈。

认知影响着情绪，也决定着行为。实际上，完美主义者和最优主义者最大的差别就在于认知不同，完美主义者的思维是僵固式的，最优主义者的思维是成长式的。

♥ 完美主义者——僵固式思维

总想让自己看起来聪明、优秀，实际上很畏惧挑战，遇到挫折就想放弃，看不到负面意见中有价值的部分，他人的成功会让自己感到威胁。

♥ 最优主义者——成长式思维

善于学习，勇于接受挑战，敢于承认自身存在不足的事实，也相信自己有成长的可能。不畏惧挫折和批评，也不怕失败，会努力学习他人的优点，会在失败中汲取经验教训。

完美主义者的焦虑不安、消极沮丧，大都与僵固式思维有关，只想维系一个理想化自我的形象，害怕被人看到真实的、不够好的自己；忽略了自身的长处，以及成长的可能性。

对此，泰勒·本-沙哈尔教授建议，不妨将"追求苛刻的完美"变成"追求可能的卓越"，从可操作的小目标着手，在完成小目标的过程中积累信心与成就感，肯定自己的进步，在后续做事的过程中弥补之前的不足。

08 提高自尊水平的 3 个有效练习

自尊是一个人内心对自己的看法与态度，
是自我力量与自我价值感的来源。

一个人内心的安全感，与其自尊水平息息相关。

美国心理学家纳撒尼尔·布兰登在《自尊的六大支柱》中指出，自尊涉及两个方面：一是自我效能感，即在面对生活的挑战时，坚信自己有能力应对；二是自我尊重，即对自我价值的肯定，对自己的生存与幸福权利保持肯定的态度，认为自己值得拥有幸福。

布兰登博士列出了自尊的六大支柱：

（1）有意识地生活。

（2）自我接纳。

（3）自我负责。

（4）自我肯定。

（5）有目的地生活。

（6）个人诚信。

布兰登博士指出，真正的自尊不来自外部，而来自自身。低自尊很大程度上与对自己的负面认知有关，对现实的扭曲认知会屏蔽许多积极的信息，坚信自己就是不够好，从而陷入焦虑不安、自暴自弃的情绪困境。

这里有一些简单可行的方法，可以帮助你在自我感觉很糟糕的时候，及时把自己从低潮中拉出来。没有人能够做到一夜之间脱胎换骨，配合有效的练习，相信你会在时间的推移中，感受到自尊水平的提升。

❤ 练习1：客观地描述事实

低自尊的人一旦受到外界刺激，如被批评、被拒绝、事情没做好等，就会自我贬低。这是应对刺激的本能反应，但很容易诱发焦虑，进一步降低自尊水平，得不偿失。

遇到这样的情况，低自尊者不妨换一种方式来处理——停止用负面的字眼评价自己，客观地描述事情本身，或是自身的行为表现、特质、思想和情感。

假设你提出的方案没有被领导采纳，在听到这一回复时，你的脑海里可能立刻会出现"我做得不好""我能力不行"的负面评价。此时，你要提醒自己：这些只是我的想法，不代表事实！然后把注意力拉回到工作上，客观地去评价你制订的方案：

（1）它完全符合项目所需吗？
（2）有没有考虑不周之处？
（3）最突出的亮点是什么？
（4）下一次再做其他方案时，这个方案有没有可借鉴之处？

思考到这里时，你往往会发现：工作方案没有被采纳，不代表自己做得不好、能力不够，它可能是多方面因素导致的结果。同时，在描述事实的过程中，你也寻找并肯定了自己的优势，知道了自己具备的品质与价值。

❤ 练习2：验证不合理的想法

完美主义者喜欢给自己设置条件，一旦达不到，就会怀疑自己、否定自己。

当脑海里冒出一些否定自己的念头，如"我长得不漂亮，不会被人喜欢"时，用提问的方式去验证一下，自己的这些想法是否合理？

问题1：事实是这样吗？

反驳——为什么有些不漂亮的女孩也被人喜欢呢？

问题2：这个结论成立吗？

反驳——长得不漂亮就一无是处吗？学识、性格、修养，不是吸引人的特质吗？

问题3：这么想有用吗？

反驳——脑子里想着"我长得不漂亮，不会被人喜欢"，能改变什么吗？

如果能够诚实地回答这些问题，就会从僵化的思考中抽离出来，让思维变得开阔，也能够更加理性地看待问题、看待自己。

❤ 练习3：练习自我同情

对低自尊者来说，安慰自己比安慰他人要难，原谅自己也比原谅他人要难。他们总会在犯了错误或遭受失败时自责，不停地闪回不愉快的经历，反刍自己的缺点和不足。可是，如果你问他们，会不会用这样的方式对待身边的人？他们多半会摇头否定。这就是双重标准，一方面要求自己宽待他人，另一方面却不停地苛待自己。

其实，在遭遇不愉快时，人的情感免疫系统是很脆弱的。此时，反复在脑海中进行自我批判，无异于雪上加霜。真正有效的方式是，停止自我惩罚，给予自己关切与同情，以此让情感免疫系统得到恢复。

Step1：描述近期发生的一件事，写出具体情节和自己的感受。

Step2：想象一下，这件事发生在你的家人或密友身上，他会有何体验？

Step3：你不希望对方如此痛苦，决定给他/她写一封信，表达你的理解、同情与关心，并让对方知道，他/她值得你这样做。

Step4：重新描述你对这件事的体验和感受，尽量做到客观，杜绝消极的评判。

这是一件很有挑战性的事，因为它打破了低自尊者一贯的思维模式，有可能会出现不适或焦虑。别太担心，坚持定期重复练习，可以有效地提高情绪弹性，减少自我批判，最终让自我同情变成一种自动反应。

PART 4

在不确定性中
构建确定感

01 比焦虑更可怕的，是对焦虑的错误归因

每个人在面对即将来临的、
可能会造成危险或威胁的情境时，
都会感到紧张不安、提心吊胆，
甚至有末日降临之感。

"不知道什么时候，我被贴上了'大龄单身女青年'的标签。暂时还没有遇见合适的人，不想勉强开始一段婚姻，可看着父母焦心的样子，我又很纠结。特别是面对'35岁以上就是高龄产妇'的说法，说一点儿都不担心是假的……"

"下周要进行公开演讲了，我到现在还没有准备好演讲稿，脑子里一片空白，完全没有思路。要是我在台上出了糗，该有多尴尬？想到这件事，我就坐立不安，焦虑得不得了。"

这样的生活情景，你是否觉得似曾相识？如大考来临之前，每天都心神不宁、坐立不安；换了新工作后，顿时觉得压力倍增；被领导批评后，心里一直耿耿于怀；遇到一点儿变故，立刻就想到最坏的情形……这种无法控制、难以捉摸的负面情绪，以及让人惶惶不可终日的感受，就是焦虑。

电影《蒂凡尼的早餐》中有一段对焦虑的描述，可谓是恰如其分："焦虑是一种折磨人的情绪，焦虑令你恐慌，令你不知所措，令你手心冒汗。有时候，连你自己都不知道焦虑从何而来，只是隐约觉得什么事都不顺心，到底是因为什么呢？却又说不出来。"

当我们感到焦虑时，往往会伴随一些身心和行为的变化。

○ 思想层面：担心未来不知道会发生什么；对已经发生的事情感到自责。
○ 身体层面：心慌、头晕目眩、出汗、呼吸急促、胃部不适、肩颈酸痛等身体不适感。
○ 情绪层面：焦虑不只是一种情绪，而是几种情绪交错出现，如愤怒、悲伤、厌恶等。
○ 行为层面：重复性的行为或习惯；回避或逃离的倾向；用暴饮暴食、抽烟喝酒等行为分散注意力；企图占上风保护自己的行为，如威胁他人、表示愤怒等。

当焦虑情绪涌现，许多人会产生一种自责之感，认为自己的心理素质太差，太经不起事儿了。实际上，焦虑是人内心深处普遍存在的一种情绪，它是心理防御机制所产生的应激反应。每个人在面对即将来临的、可能会造成危险或威胁的情境时，都会感到紧张不安、提心吊胆，甚至有末日降临之感。所以，焦虑不是错，也不意味着脆弱，没必要给自己贴标签，更不要盲目夸大这种情绪体验，武断地认为自己患上了焦虑症。

现实生活中，多数人感受到的焦虑，并没有达到焦虑症的程度，更多只是一种焦虑情绪。焦虑情绪和焦虑症不是一回事，有焦虑情绪不代表就是患了焦虑症，两者有很大差别。

♥ 焦虑症：病理性焦虑

焦虑症是一种病理性焦虑，是指持续地、无具体原因地惊慌和紧张，或没有现实依据地预感到威胁、灾难，并伴有心悸、发抖等躯体症状，个体常常感到主观痛苦，且社会功能受到损害。

焦虑情绪：现实性焦虑

焦虑情绪，也称为现实性焦虑，即对现实的潜在威胁或挑战的一种情绪反应。这种情绪反应，与现实威胁的事实相适应，是个体在面临自己无法控制的事件或情景时的一般反应。

阿尔伯特·埃利斯曾说："人之所以会产生焦虑，是因为心里有欲望，意识到自己可能会失去，或有不希望发生的事情。如果人完全没有期望、欲望和希望，不管发生什么都漠不关心，那就不会产生焦虑，估计也就命不久矣了。"焦虑本身并不可怕，真正可怕的是对焦虑的错误归因，将其视为性格缺点，因为焦虑而自责，继而陷入恶性循环。

02 客观认识焦虑，看见焦虑的积极意义

大脑以焦虑的方式提醒我们潜在的威胁，
激励我们不断成长和改变，
说服我们迎接挑战，达成更高的目标。

在较为原始的时代，存活是人类最为关切的问题，而外界的猛兽、自然灾害是客观存在的威胁，由关切和威胁引发的焦虑让人类心怀恐惧，遇到任何风吹草动就会迅速开启预警模式，以求保住性命。焦虑虽然令人感到不舒服，但它能够帮助人类和其他物种存活下来，这也是它能够在进化中得以存续的原因。

认知行为疗法的鼻祖埃利斯曾客观地指出：合理的焦虑对人类而言是一种恩赐，它可以帮助人们获得自己想要东西，避免担心的事情发生。现在，我们自然不必再躲避野兽的追逐，可现实中的一些问题，还是会让我们感到焦虑，而这种焦虑也是有助于我们成长的。

考试之前，我们会感到紧张、焦虑，这是因为内心期待能考出一个好成绩，适度的焦虑促使我们查漏补缺，做好充分的应试准备。从这个层面来说，焦虑就像是一个安全卫士，时刻提醒我们，防御所面临的危机，并主动寻找解决办法。如果一个人生命中从来没有关心过任何事情，也没有遇到过任何威胁，那他是很难获得成长的。

正因为我们会对即将到来的考试感到焦虑，才会认真地复习备考；正因为我们知道竞争对手不可小觑，才会全力以赴去提升实力；正因为我们发现

信用卡透支严重，才会意识到无节制消费的习惯需要改变。

♥ 倒U形曲线：耶克斯—多德森定律

1908年，心理学家耶克斯和多德森通过实验发现：
个体智力活动的效率与其相应的焦虑水平呈倒U形曲线关系。

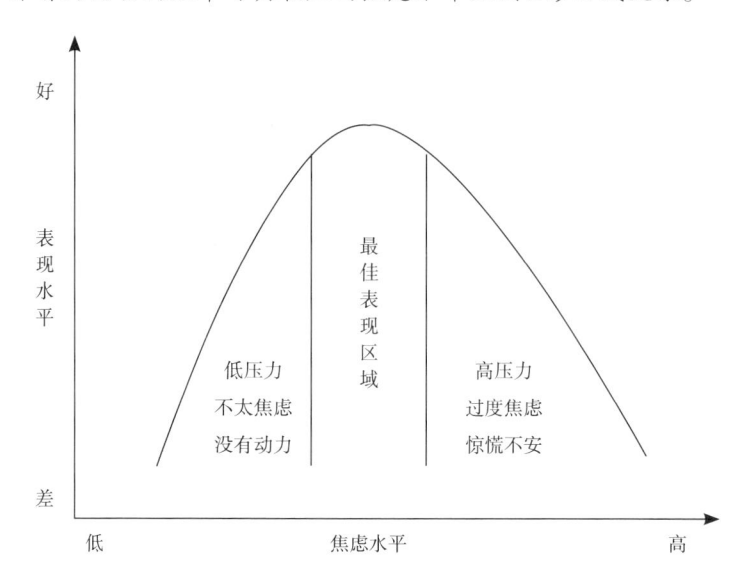

```
表现水平
好 ↑
   |         最佳表现区域
   |        ╱╲
   |       ╱  ╲
   |   低压力 │ 高压力
   |   不太焦虑│ 过度焦虑
   |   没有动力│ 惊慌不安
差 |_____→
   低      焦虑水平      高
```

随着焦虑水平的增加，个体积极性、主动性和克服困难的意志力会不断增强，此时焦虑水平对效率起到促进作用；当焦虑水平为中等时，能力发挥的效率最高；当焦虑水平超过了一定限度，过强的焦虑会对学习和能力的发挥产生阻碍作用。

耶克斯—多德森定律告诉我们：完全不焦虑的状态，很难调动我们的潜能；焦虑过度，会让我们压力剧增，从而惊慌失措。保持适度的焦虑（倒U型曲线的高点），有利于能力的最佳发挥，此时的焦虑水平是健康的、有益的，是我们对环境的适应性反应。

03 没有绝对的安全感，拥抱不确定性

接受不确定性是生活的一部分，
可以让我们更从容地面对起伏变化，
避免时刻被焦虑困扰。

当我们面对未知的、不确定的情形时，会产生一种失控的不安全感。面对潜在的失控或不安全，我们所感受到的焦虑，其实就是潜意识里的恐惧，甚至是危及生存的恐惧。

焦虑源于对未知、不确定性的恐惧，认识这一点，就为我们缓解焦虑提供了可行的路径。我们必须认识到，生活中有很多事情是难以确定的，也并非人为可掌控的，我们需要接受这是生活的一部分，要理性地、辩证地看待不确定性。

♥ 不确定性有积极的意义

你讨厌不确定性，讨厌焦虑的感觉，如果将这些不确定全都变成确定，生活就一定会变好吗？答案是否定的。这就如同观影，事先知道了过程和结局，也就没有兴致认真、投入地去看了。生活也是因为充满不确定性，才成了一场别样的体验。

♥ 不确定性≠糟糕的结果

不确定性并不一定代表糟糕的结果，只是存在这种可能性。提前认识到可能会出现糟糕的情况，可以让我们多加留意和防范，在坏情况初露端

倪时，采取有效的措施进行积极干预。另外，想象事情还可能会出现好的结果，或者是中性的结果，也可以减少焦虑。

生活没有想象中那么好，但也没有想象中那么糟糕，这就是不确定性的特质。如果认识到这一点，还是不能阻止你为了可能出现的坏结果焦虑不安，那你不妨试试下面的方法。

♥ 方法1：集中精力去想糟糕的结果

专门给自己留出一段时间，集中精力去想"一定会出现这种糟糕的结果"。真的这样做时，你可能会发现，无论令你担忧害怕的结果是什么，你都没办法长时间地沉浸其中去焦虑，这种行为反而会令你厌烦。

♥ 方法2：做一点儿力所能及的小事

没有人能够让生活完全地按计划前行，无常才是正常。在面对不确定性时，可以做一些力所能及的小事，如专注地画一幅画、读一本书、准备精致的餐食、跳一节舞蹈操，这些事情虽不起眼，却能让你维持内心的秩序感，减少外界环境的负面影响，提升内心的定力，不慌不忙地按照自己的步调前行。

克尔凯郭尔说："总是生活在不安全状态中，焦虑是永远的伴侣。"这个世界上没有绝对的安全感，也没有什么人和事是我们可以完全掌控、百分之百确定，且不会发生任何变化的。在人生的每一个阶段，我们都要与各种不安为伴，这是必须面对的真相。

我们可以做的是，在忙乱、慌张、情绪低谷和局面失控时，通过力所能及的小事、有规律的重复性动作，厘清思路，建立内心的秩序感与确定感，以此抚平焦虑、清除杂念、沉淀能量，早一点回归生活的正轨。

04 当你抗拒焦虑时，你是在为焦虑赋能

任何一种情绪都有其明确而积极的意义，
那些让人感到不舒服的情绪，
只是协调后决定远离刺激物的一种倾向。

这是发生在国外的一个真实事件：有一个十几岁的女孩，某天早晨在疼痛中醒来，她的四肢和关节都在作痛。女孩以为自己得了流感，就蒙上被子休息。可是，情况并没有得到好转，痛感持续几天都未消退，这让女孩感到焦虑和不安。

女孩是学校垒球队的主力，垒球比赛已经进入倒计时，可她无心为比赛进行准备。她躺在床上，明显地感受到疼痛在四肢间涌动。为此，她只好到医院求助医生。出门前，她换上牛仔裤，感觉裤子好像有些缩水。到了医院，经过一系列的检查，医生告诉她身体并无大碍，她正在经历成长痛，只能忍过这个阶段，没有其他办法。

那个夏天，女孩除了晚上睡觉，基本上都没有赖过床。虽然身体的不适感一直存在，可她照旧打垒球、参加夏令营，像往年一样。秋季开学后，女孩带着一箱新衣服回到学校，之前的旧衣服都已经不合身了，因为她长高了整整10厘米。

心理专家在分析这个案例时提到，女孩对疼痛的态度转变发生在她得知疼痛的原因不是病，而是生长痛之后。最初，对于莫名的疼痛，女孩的本能反应是躺在床上休息，避免任何活动；而当她得知这种疼痛是长高的预兆，

是必须经历的过程之后,她对疼痛的焦虑和抗拒消散了。

焦虑作为一种负面情绪,无疑会给人带来痛苦。当你抗拒它、厌恶它、抑制它的时候,它不会消失,反而会被赋予更强大的力量。因为你和焦虑是一体的。消除焦虑,就意味着你要将自我意识的一部分剥离并丢弃。你希望它远离你,因为它让你烦躁、懊恼、沮丧,你的这些感受只会让焦虑看起来更加强大,你是在为焦虑喂养情绪能量。

克里斯托弗·肯·吉莫在《不与自己对抗,你就会更强大》一书中讲道:"每个人都会遭到两支箭的攻击:第一支箭是外界射向你的,它就是我们经常遇到的困难和挫折本身;第二支箭是自己射向自己的,它就是因困难和挫折而产生的负面情绪。第一支箭对我们的伤害并不大,仅仅是外伤而已;第二支箭则会深入内心,给我们造成内伤,我们越是挣扎,越是想摆脱它的困扰,这支箭就会在我们的心中陷得越深。"

让我们痛苦的并不是焦虑本身,而是我们对它的抵抗。我们可以把它视为某种可以容忍的东西,去感受和体验它,认真地去看看,它到底想要带给我们什么信息。

假设面对一项棘手的工作任务时,你感觉备受煎熬,一方面惦记着执行,另一方面却拖延抗拒。面对这样的情形,你可以对自己说:"我现在有些焦虑,担心没办法把这件事做好,心口一阵阵地缩紧……不过,对于任何人来说,接受挑战都是一件不容易的事,我会有这样的反应也很正常,我得允许自己有一个适应的过程……"这样想问题的时候,你会感觉舒服很多,内心也会慢慢平静下来,思考该从哪里着手来解决问题。

停止对焦虑的抵抗吧!当焦虑来临时,给它留出一点儿空间,让它暂时待在那里,直到你想清楚它出现的原因,以及你要如何解决现实问题。当然,用不着强迫自己喜欢它,只要允许它出现,接受它的暂时存在,就已经很好了。

05 试着减少关切，或是降低潜在的威胁

所有引发焦虑的情境，
大都是因为我们很在意这些事件的结果，
且感受到了一种迫在眉睫的威胁。

焦虑是一种与紧张、担忧、不安和恐慌密切相关的心理和生理状态，是对于未知的一种模糊不清的恐惧感，它总是指向未来，也总是在传递危险信息。无论我们的潜意识对生活中哪一种可能发生的情境感到恐惧，焦虑都会随之而来。

每个人害怕面对的东西不一样，但究其核心却存在共通之处：这一情境、这一事件的结果是自己十分在意的，且它让自己感知到了威胁。如果我们不在意一件事、一个人，就算结果是失败、是失去，也不会太上心，更不会为此感到焦虑。

♥ 焦虑 = 关切 ＋ 威胁

在《如何才能不焦虑》一书中，作者提出过一个公式，我认为很是恰当：如果某件事情是你在意的，且已经感知到了某种潜在的威胁，那么焦虑就会产生。

Sam有情绪性进食的问题，他知道这样对身体不好，也很害怕会患上高血脂、高血糖等慢性疾病，但他一直不敢去医院检查。这一年多的时间里，他经常为这件事焦虑，特别是在每次暴食之后，还会被自责和愧疚裹挟。

○ Sam关切的事——身体健康。

○ Sam感知到的潜在威胁——因情绪性进食导致慢性病。

对Sam来说，目前的身体是否已经因不良的饮食方式而患病是一个未知事件，而这个未知的结果让他十分恐惧，所以每次暴食后，他的焦虑指数会猛增。

没有关切就不会焦虑，没有感知到威胁的存在也不会焦虑。当我们把焦虑追溯到那些让我们关切并感知到威胁的事物上时，我们就可以找到有效缓解焦虑的切入口——减少关切或降低威胁，重构导致焦虑的思维模式。

Sam的焦虑来自害怕长期的情绪性进食给身体带来损伤，对他而言，有效缓解焦虑的做法就是，鼓起勇气去医院做全面的检查，得到一个确定的结果。无论是否患病，得到确定的消息，都可以减少胡思乱想带来的恐慌与内耗，同时也能够促使Sam对情绪性进食的问题进行针对性的调整，以减弱或消除威胁。

焦虑的公式提供了两个可以干预的因素：要么减少关切（不那么在意）；要么改变对威胁的认识（即便……又如何）。只要改变其中的任何一个因素，焦虑体验就会随之发生改变。

当你为了某个问题焦虑不安时，不妨问问自己：

（1）我最在意的是什么？

（2）我感知到的威胁是什么？

（3）在关切和威胁这两个要素中，我可以调适哪一个？

慢慢梳理心绪，你会变得平静，并逐渐恢复理性。

06 创造心流状态，让身心都停驻于当下

当所有的注意力都集中在当前的任务上，
所有的心理能量都在往同一个地方使，
那些与任务无关的念头就会被完全屏蔽。

人在感到焦虑不安时，内心会失去平衡，头脑会变得混乱，情绪更是一落千丈。在尚未知晓确定的答案，或是找到有效的解决办法之前，会因胡思乱想消耗巨大的精神能量。

我们知道，焦虑大都是指向未来的，未知与不确定性会让安全感急速下降，但这种担忧又是无用的，改变不了任何问题。与其内耗，不如把注意力拉回来，做一些力所能及的、有意义的事，创造心流状态，让身心停驻在当下。

心流状态，是积极心理学奠基人米哈里·契克森米哈赖提出的一个经典心理学概念，指的是我们在做某件事情时，那种投入忘我的状态："你感觉自己完完全全在为这件事情本身而努力，就连自身也都因此显得很遥远。时光飞逝，你觉得自己的每一个动作、想法都如行云流水一般发生、发展。你觉得自己全神贯注，所有的能力被发挥到极致。"

米哈里在TED演讲《心流，幸福的秘密》中，把人们对于"心流"的感受做了一个归纳，指出7个明显的特征。

○ 特征1：完全沉浸，全神贯注于自己正在做的事情中。
○ 特征2：感到喜悦，脱离日常现实，感受到喜悦的状态。

- 特征3：内心清晰，知道接下来该做什么，怎样把它做得更好。
- 特征4：力所能及，自己的技术和能力跟所做的事情完全匹配。
- 特征5：宁静安详，没有任何私心杂念，进入忘我的境地。
- 特征6：时光飞逝，感受不到时间的存在，任它不知不觉地流逝。
- 特征7：内在动力，沉浸在对所做之事的喜爱中，不追问结果。

上述提到的"所做之事"不是随意的，如打游戏、追剧、聊天、刷小视频等，尽管这些事情也能让人沉浸其中，无须调动自控力就完完全全被吸引，进入到忘我的境地，并产生愉悦感。可是，在做完这些事情后，空虚和愧疚就会取代愉悦感，让人感觉毫无意义，一想到时间都被荒废了，便会更加不安。

好的心流体验是有条件的，如果个人能力低于做一件事情所需要的能力，就会觉得太难了，并因畏难而感到焦虑；如果个人能力高于这件事情所需要的能力，又会觉得太简单了，感到无聊。想要创造好的心流体验，需要所从事的活动具有挑战性，且必须涉及复杂的技能。只有这样的事情，才能让人在执行中忘却焦虑，在完成后带来踏实与满足。

PART 5

成长是不断面对恐惧的冒险

01 恐惧≠软弱，
放下对恐惧原有的认知

对污秽之物的厌恶感能让我们远离致病源，
对黑暗与未知的恐惧能让我们避开潜在的危险。

从心理学层面解释，安全感是一种从恐惧和焦虑中解脱出来的信心、安全和自由的感受，尤其是关于满足一个人现在和将来各种需要的感觉。

假如你有恐高症，却被人强行带到面积狭小的山顶，在没有任何围栏和保护措施的情况下，让你在那里站上1分钟。这1分钟的时间里，你会感觉无比煎熬，紧张、害怕、眩晕，甚至腿脚发软。终于，1分钟结束了，你被带离了山顶，落在了地面上。此时，你会感觉自由、踏实、放松，这就是安全感。

简单来说，安全感就是人在生活中产生的一种稳定的、不害怕的感觉，它包含着确定感（肯定存在、不会变化）、安定感（安心、放心、不焦虑、不恐惧）和控制感（可掌控、可操纵）。有关焦虑的问题，我们在前面已经讲过，现在着重要谈的是恐惧。

契诃夫的短篇小说《小职员之死》，讲述的是小职员切尔维亚科夫在恐惧之下备受精神折磨，最终被自己的恐惧吓死的故事。文学作品固然有夸张的成分，但我们不得不承认，深陷在极度的恐惧不安之中，会对人的身心产生巨大的耗损。

照此看来，恐惧是一个不太讨喜的家伙，它会让人产生心理和生理上的不适。更糟糕的是，恐惧总是和胆小、怯懦、软弱等贬义词联系在一起，很容易让人产生自我怀疑和自我否定，觉得自己缺少勇敢、独立、坚韧的品性。

如果你也有过这样的想法，现在我想恳请你放下对恐惧原有的认知，重新来认识一下恐惧。恐惧是一种重要的基本情绪，从呱呱落地的那一刻起就伴随着我们，任何人都摆脱不了恐惧。谁要是说自己毫不畏惧，或是想要粉碎、破坏、征服恐惧，最终都会以失败告终。

史蒂夫·凡·兹维也顿是安全监控专家，成功化解过无数的威胁与冲突，对于恐惧心理，他是这样说的："在我22年的安全维护工作中，我从来不和那些标榜自己从不畏惧的人合作。一个人在某些情况下毫不畏惧——这有可能，但是一个人要说自己面对所有情况都毫不畏惧——这是绝对不可能的。"

心理学家指出，人类的很多情绪状态不是凭意志力就能抑制的，恐惧就是其一。这样的理论，或许可以给你带去一丝安慰：恐惧不是软弱，不必将自己的恐惧与他人的恐惧相比较。恐惧是在个体的生活经历基础上产生的，每个人的经历不同，感受到的恐惧也不一样。

对某些事物心存恐惧，面临危险时想要逃避，并不代表我们怯懦，也不必为此感到羞耻。从恐惧的功能上看，胆小、害怕不能被简单地定义为贬义词，在人类漫长的进化过程中，这些生理和心理上的反应能够延续下来，恰恰说明它们对人类的存活有积极效用。

人体在恐惧时产生的一系列生理变化，都是为了集中精力去应对眼前的危险，无论是迅速逃跑，还是积极对抗，身体都已经做出了充分的准备。所以，恐惧并不是一种无用的心理和生理反应，它是有利于人类生存的。保持适度的恐惧，可以让我们及时发现身边潜在的危险，不因疏忽大意而受到伤害。

美国心理学家发现，许多牺牲在战场上的无经验的士兵存在轻敌的问题，缺少恐惧意识和警惕性，结果没能及时地避开危险。那些有战斗经验的士兵，因为心存轻微的恐惧，故而更在意周围的环境，在作战过程中也更加小心谨慎，这种对危险的警惕性，为他们在残酷的战场中存活提供了帮助。

心存恐惧并不是一件坏事，正如哲学家伊拉斯谟所说："我只能把毫无畏惧当作蠢笨的标志来看待，那绝不是勇敢。"恐惧的积极意义是提醒我们保持谨慎和警惕，以便更迅速地发现危险，恰当地应对危险。

02 ◇ 不要去消除恐惧，要学会驾驭恐惧

埋藏恐惧不代表恐惧会消失，
这只是暂时性的应急方法，
无法解决恐惧提醒你要去解决的实际问题。

假设你一直很害怕水，但你也知道学习游泳是有益的。朋友想帮助你克服对水的恐惧，于是就直接把戴着背漂的你扔进了游泳池，对你说："勇敢地面对你的恐惧，你一定能打败它。"你觉得这种做法靠谱吗？能够帮你克服对水的恐惧吗？

答案显而易见，不仅不能帮你克服恐惧，还可能会让你对水产生更强烈的不安全感。或许，原来你还敢站在泳池边，有跃跃欲试的冲动，而今却连靠近也不敢了，生怕再被什么人有意或无意地推进泳池，面临一番"生死挣扎"。

不少人认为，战胜恐惧的唯一方法就是迎头面对。可是，看到上面的情形，你大概也意识到了，这样的做法既不明智，也不奏效，它可能会导致两种后果：第一，打击自信心；第二，影响身心健康。退一步说，就算怕水的人最后真的学会了游泳，可他会不会对游泳这件事产生抵触心理呢？他又会不会对推自己下水的朋友产生不信任感呢？

对任何人而言，面对恐惧都是一个痛苦的经历。心理学专家安东尼·冈恩在《与恐惧共舞》一书中提到过，人们在面对恐惧时，通常会用以下三种方式来应对。

♥ 弱反应：忽略、无视恐惧的存在

弱反应者把恐惧看作是破坏性的，试图完全忽略它、无视它的存在。他们误以为，只要无视恐惧和恐惧带来的那些风险，那么一切问题就都迎刃而解。这种假设让人产生了一种错觉，以为自己是安全的。弱反应者经常会把这样的话挂在嘴边："别担心""能有什么事""没什么可怕的"。

♥ 过度反应：惶恐不安，极端情绪化

过度反应者经常感觉自己被无尽的恐惧包裹，内心焦虑不安，找不到任何解决方法，显得格外无助。他们仅仅因为猜想到可能会发生的最坏结果，就变得极端情绪化，丧失理智。他们经常说的话是："那太可怕了""我没办法解决""一切都会变得很糟"。

♥ 驾驭恐惧：聆听恐惧，利用恐惧

这是恐惧专家常用并推荐的方法，既不试图忽视恐惧，也不完全排斥恐惧，而是将其视为正常现象，以驾驭的方式寻求改变。他们会积极地聆听恐惧、利用恐惧，驾驭恐惧者最常说的话是："害怕是正常的""恐惧想告诉我什么呢""恐惧是一件好事"。

在应对恐惧时，不存在绝对的弱反应者和过度反应者，多数人是在两者之间摆动。有些人害怕坐飞机，但对车祸有关的恐惧反应并不强烈。安东尼·冈恩强调，弱反应和过度反应的分类，并不是为了划分一个人的性格，而是为了弄清楚当事人在面对恐惧的情形时所做的行为。因为人的行为会根据实际情况而有所不同。

弱反应和过度反应是应对恐惧的两种消极方式，其共性就是试图用逃避

来打败恐惧。这几乎是不可能实现的，埋藏恐惧并不代表恐惧会消失，这只是暂时性的应急方法，没办法解决恐惧提醒我们去解决的实际问题。所以，我们还是要学会用正确有效的方式去驾驭恐惧。

如何驾驭恐惧呢？安东尼·冈恩提出的方法是——把恐惧当成力量！

你也许会质疑，这可能吗？毕竟，感到恐惧的时候，总是会产生不适的反应。

事实上，有这样的疑惑是正常的，哥伦比亚大学心理学博士、恐惧研究专家斯坦利·拉赫曼指出：人们总是倾向于把恐惧和各种痛苦的经历联系在一起。这些痛苦的联想，也许是身体上受过的伤，也许是情感上体验过的羞耻感。

现在我们换一种方式去思考这个问题：无论是害怕承受身体上的痛苦，还是害怕遭遇情感上的伤害，恐惧的出现都是为了保护我们，让我们提高警惕，意识到有这样的风险和威胁存在。当我们把恐惧当成一种保护机制时，就会减少对它的厌恶与排斥。

至此，你可能理解了安东尼·冈恩所说的"把恐惧当成力量"，其核心就是改变对恐惧的看法：你可以将恐惧视为不好的阻力，也可以将其视为能让自己获益的积极动力，不同的看法会产生不同的效果。

假设你即将发表重要的演讲，而你的身体却开始不受控制地产生恐惧反应。

此时，你越是极力地保持镇定，隐藏这份恐惧，恐惧反而会变本加厉，它会让你喉咙干涩、手心冒汗、想去厕所……无论你劝慰自己说"没什么可怕的"，还是说"这次肯定会搞砸"，都很难削弱恐惧反应。面对这样的情形,该怎么去驾驭恐惧呢?

你要对自己保持诚实,接受自己为即将上台演讲感到恐惧的事实。不要故作镇定,隐藏真实的心理和生理反应。要知道,隐藏恐惧会耗费巨大的精力。你可以试着大胆地承认它、公开它,如此一来,那些被用来隐藏和无视恐惧的力量就会瞬间恢复。

完成了这个过程后,你会意识到每个人处在这样的境遇下,都会有和你一样的反应。重建了这样的认知,你在心理上就会获得极大的放松,也更容易集中精力去关注演讲之事本身,不再为逃避和隐藏恐惧而内耗。

03 尝试控制自己对恐惧的生理反应

把恐惧的生理反应甩开，
远比拥抱它们更费心力。

英国网球女星吉姆·吉尔波特，曾目睹母亲去世的过程，这件事成了她心里难以抹去的阴影，直至后来毁掉了她的整个人生。

那时的吉尔波特还小，有一天，母亲觉得牙齿疼痛难忍，就带着年幼的她一起去看牙医。医生当即决定给吉尔波特的母亲进行一个小型的牙齿手术。其实，吉尔波特的母亲早就患有心脏病，只是她一直都不知道。结果，在手术的过程中，她突发心脏病，没能走下手术台。

吉尔波特目睹了这一幕，稚嫩的心灵受到了巨大的打击。自此以后，每次牙齿出现轻微的疼痛，甚至只是做例行的口腔检查时，她都会感到极度不安。渐渐地，她把"牙"和死亡联系在一起了，以至于后来她患上了牙病，也不敢去看牙医。

有一次，她实在被牙齿的剧痛折磨得无法忍受，才肯让牙医来到寓所里为自己诊治。牙医匆忙地来到吉尔波特那栋豪华寓所，她紧张地坐在长椅上，看着牙医收拾手术器械的背影。剧烈的恐惧感让她睁大了眼睛，呼吸也变得越来越急促。一切准备就绪后，牙医转过身来，却惊讶地发现，网球女星吉尔波特已经停止了呼吸。

这件事被曝光后，外界一致认为吉尔波特是被自己的意念杀死的。母亲的意外之死，让她产生了极大的不安全感，不敢面对所有与牙病有关的东西。她不断地用消极的意念暗示自己，最终被一个小小的牙科手术"吓死"了。

在面对恐惧的情形时，每个人都会感到不安和不适，并想尽办法摆脱它，因为这些生理反应会让人虚弱无力、无法控制。遗憾的是，越是试图反抗、阻止这些恐惧带来的生理反应，越让这些反应变得强烈。

在被海鳗咬住的时候，多数人会本能地抽手，结果却被海鳗那如针尖般倒钩型的牙齿咬断了手。那该怎么办呢？一位潜水专家解释道："如果一条海鳗咬住了我，我是一定不会拼命把手拉开的，相反，我还要跟着它走，即便它会把我拖到洞前，即便这令我胆战心惊。因为，海鳗一旦咬住了你，就不会轻易松口，你的反抗反而会让它咬断你的手，除非你顺从它，直到它自己愿意松口。"

想让海鳗松口，先得忍住疼痛不抽手；想驾驭恐惧，也得先接受恐惧带来的不适感。试图赶走恐惧的生理反应的做法，只会使我们更加受制于它。所以，不妨换一种方式，用享受和鼓励替代抗拒与排斥，以获得一种重新掌控这些生理反应的感觉。

当你面对演讲感到心跳加速时，你可以对自己说："第一次上台演讲，我的确有些害怕，但我知道，多数人都会如此，这是正常的反应。"当你双手颤抖时，你也可以这样告诉自己："哇，我竟然紧张得双手都开始颤抖了！看来，我是真的很紧张、很害怕……不过，既然它想颤抖，那我就看看，它到底能颤抖得有多厉害。来吧，双手，颤抖得更厉害一些吧！"

现在，请你想一个相对轻微的不敢面对的情况。
在面对这种情况时，你决定如何看待它？

你准备对恐惧感带来的生理反应说些什么?

_____

_____

04 ◈ 放弃对恐惧的遮掩，说出来会获得勇气

如果你和整个团队一起面对，
事情就不至于陷入到任何人必须选择逃跑或战斗的境地。

在感到恐惧的时候，很多人不会说出来，更不会向他人求助。之所以这样做，一是觉得没必要让别人知道自己对某些问题心存恐惧，二是不想让自己看起来很懦弱。于是，置身人前时，他们会选择遮掩和隐藏；远离人群后，再独自一人探寻解决之道。

自我疗愈没有错，可问题在于，许多人对于自助疗法心存误解，认为自助就是独自一人处理所有的问题，必须独自面对恐惧不安，否则就算不上是"自助"了。其实不然，心理咨询也是"助人自助"的过程，而不是咨询师单方面地帮助来访者解决心理困惑。

遮掩恐惧不安，是无法消除恐惧的，这股能量可能会以其他的方式出现，如慢性焦虑、惊恐发作、抑郁症等，更有甚者还会因为恐惧危及生命。

战术应变小组是一支训练有素的警队，主要负责突围行动、打击恐怖袭击等突发状况。这个小组中的一位成员，曾经谈到与队友们分享恐惧的重要意义：

"在应战组，我们从不单独行动，总是全组一起出任务。如此，在行动的时候，我不用分心去留意背后的情况，这让我感到信心十足。我们都知道，彼此可以相互信任，且能够从对方身上获得力量。我们的工作非常危险，靠肾上腺素生存，每天处于生死攸关的境况，不知道今天是否就是生命

的最后一天。所以，能够彼此分享恐惧对我们很有益处。

"那时候，我的孩子都很小，每次出任务时，我都害怕自己一去不回，让他们失去父亲。那让我感到恐惧，虽然这不像是应战组的风格。我们必须在面对危急的突发状况时，在前线保持无畏的形象，可其他警官和我一样，同样心存恐惧。很多人体会不了我们的恐惧，所以我们只能跟队友分享，同时知道他们也会恐惧，并了解恐惧是正常的。分享恐惧，让我能够保持理智，控制恐惧，而不是被恐惧压倒。"

在生活中与信任的人分享恐惧，能够缓解我们试图隐藏恐惧的张力；当恐惧通过语言表达出来时，也可以让我们从不同角度完整地看清恐惧，深入地看待问题。

多数人面对分享恐惧这件事情时，会遇到一个特别大的阻碍——害怕谈论自己的恐惧。这是一种普遍的潜意识反应，多数人认为，只有弱者才会害怕，分享恐惧让自己显得很脆弱。

其实，对分享恐惧感到不安是完全正常的，哪怕分享的对象是自己最信任的人。但是，等你真的说出自己的恐惧后，这份恐惧就消失了，随之而来的是轻松和力量感。另外，当你听到恐惧被大声说出来时，也会对自己的恐惧产生不同的看法。

现在，你可以与信任的人分享一个小恐惧，以此作为练习。加油，打个电话、发条消息、写一封信，或是面对面地跟对方交谈，分享你的恐惧，体验说出恐惧给自己带来的力量吧！

05 ◇ 怎样战胜对特定事物的恐惧

既然恐惧避无可避,
那就进入恐惧之中,
即便我们会因恐惧而发抖。

晋朝有一位官员叫乐广,他在河南做官时,曾邀请朋友到家里做客。有一位朋友不知何故,在那次聚会饮酒后,很久都没有再到访。

乐广以为是自己招呼不周,怠慢了朋友,就找到好友询问原因。一问才知,朋友上次在席间端起酒杯时,突然看到杯子里有一条蛇,把他吓到了。只是,当着乐广的面又不好失态,就强忍着惊恐喝下了那杯酒。那天回家后,他就生了一场大病,至今想起仍然感到恐慌。乐广听后哈哈大笑,再次邀请好友来家里做客。

这一次,同样的位置,同样的酒,同样的杯子,好友端起酒杯后,又见到了上次那条蛇。他十分惶恐,难以下咽。在一旁看着的乐广微笑不语,朝着好友头上的方向指。好友定睛一看,自己也笑了出来,原来他的头顶上悬挂着一张弓,弓背上有一条漆画的蛇。疑团解开,好友释然了,长期困扰他的病也好了。

随着心理学的普及和发展,更多的人已经认识到,乐广的朋友不是胆小,而是应激障碍。同时,也反映出了人会对某些特定的事物产生恐惧感。

人类有趋利避害的本能,焦虑和恐惧是对潜在威胁的一种预警。当危险或潜在危险发生时,人会本能地躲避和远离,继而对恐惧的相应场景或事物产生抵触情绪和回避行为。当这种恐惧感被放大后，抵触和回避也会变强，于是对特定事物的恐惧就产生了。

每个人在生活中都会或多或少地对不同的事物和情景感到恐惧和焦虑，比如：爬山的时候，特别害怕空中旋梯，不敢站在山顶往下看，十分恐高；特别害怕狗，远远看见小狗都紧张得不行，甚至要绕路走；害怕水，或是有密集恐惧、幽闭恐惧……这些反应称不上心理学临床意义上的恐惧症，因为它并没有严重到影响日常生活。比如，有些人虽然恐高，但不从高处往下看、离高层窗户远一点，就可以安然无恙；有幽闭恐惧的人，坐不了电梯，但可以爬楼梯，只是费点儿时间和体力而已。

恐惧某些特定的事物是很正常的，避开刺激源是一种选择，但有没有更好的方法来战胜恐惧呢？心理学家证实，强迫暴露法和系统脱敏法，可以让内心的恐惧感慢慢减退。

♥ 强迫暴露法

这种方法是让当事人暴露在自己恐惧的场景中，真实地感受到自己曾经认为的恐惧，并且意识到自己的恐惧感是完全没有必要的，以此来达到战胜恐惧的目的。

晓晓特别害怕虫子，每次到郊外玩，她的心都会忐忑不安。后来，在朋友的陪同下，晓晓在山里试着观察虫子。一开始，她紧闭着双眼，感觉身体都是紧绷的。朋友鼓励她睁开眼，透过眯着眼的缝隙，晓晓看见了地上的虫子，她惊恐万分。过了一会儿，她睁开了眼睛，看到那条虫子在地上趴着，似乎没有刚刚那么可怕了。不过，她还是很害怕，但仍然坚持观察虫子。20分钟过去了，晓晓觉得虫子似乎没那么可怕了。

这种方法会让当事人在短时间内感受到极大的恐惧，但只要克制自己停留在那个恐惧的场景中，经过一段时间之后，当他发现自己所处的环境并没有想象中那么危险，恐惧感就会慢慢消退。这种方法并非尝试一次就能奏效，有时需要连续运用几次，才能帮个体慢慢战胜恐惧。

❤ 系统脱敏法

这种方法的创始人是心理学家沃尔普，旨在让个体逐级战胜其恐惧的事物。

（1）列出让自己感到恐惧的事物，把最恐惧的事物放在第一位，接着是第二恐惧的事物，然后以此类推。

（2）从最后的一项，即只感到轻微恐惧的事物开始，在完全放松的情况下想象这件事，完全投入到这个场景中，直至恐惧感完全消失。

（3）继续倒数第二项事物，循序渐进地战胜所有的恐惧场景。

06 了解恐惧在大脑中的运行机制

搞清楚大脑认知恐惧和消除恐惧的机制,
可以让被恐惧梦魇包围的人重新找回平静。

驾驭恐惧感,不是凭借一句简单的"没什么可怕的""勇敢一点"就能解决问题。人的情感和行为都是受控于大脑,恐惧感也是一样。恐惧感由大脑中的几片区域共同控制,想要战胜恐惧感,必须了解大脑这几片区域的结构,知道它们是如何控制大脑的。

♥ 海马体

海马体位于大脑的左前方,形状类似海马,主要负责记忆和学习。人体的各个感官负责收集信息,然后把收集到的信息传递给大脑中的神经元,神经元又将这些信息传递给海马体。

如果海马体对这些信息有回应,它们就会被存储起来,形成瞬时记忆。在多次受到某种信息的刺激后,海马体就会长期保留这些信息,形成长时记忆。当人需要某段记忆时,海马体就会把它们提取出来;要是某些信息不常用,海马体就会将其删除。这种运行机制,不受人主观意志的影响。当海马体被切除后,人的长时记忆就会受到影响。

♥ 杏仁核

杏仁核是大脑颞叶中的一部分神经元组织,形似杏仁,与海马体紧密相连。它主要负责各种情绪，如恐惧、焦虑、愤怒等。

科学家曾经做过实验：当猴子的杏仁核被麻醉后，把它跟蛇放在一起，原本害怕蛇的猴子，对蛇失去了恐惧感，甚至敢玩耍蛇；就连曾经被蛇咬过的猴子，也出现了这样的情况。

❤ 前额叶皮层

大脑皮层是人脑中功能最高的区域，分为几个部分，前额叶皮层就是其一。

额叶负责人的高级认知，包括思维、语言、运动等，且能够向人的身体发出指令。当人的前额叶皮层受到损害，短时记忆就会受到影响，人也变得行动迟缓。

以上三个区域就是大脑中与恐惧感相关的部分，它们在调控人的恐惧时是相互配合的。

人通过视听感官发现外界的危险事物，然后将这一危险信号传递给杏仁核，杏仁核对人的感官发出警报——要多加小心！杏仁核无法判断是否真的有危险，此时海马体就要在存储的信息中搜索与之相关的内容。如果确认没有危险，负责指挥的大脑前额叶皮层就会解除警报；如果确认有危险，前额叶皮层就会作出决定——要多加小心！

这个时候，人的身体和心理就会产生一系列的恐惧反应，如心跳加速、手心出汗、全身紧张、想要逃跑等。有些时候，海马体与大脑前额叶皮层没办法阻止杏仁核发出危险警报，那么人的恐惧感就会表现得格外强烈，甚至会导致人作出错误的判断——这太可怕了，我还是逃跑吧！此时，人的恐惧感是失控的,这也是形成病态恐惧或恐惧症的一个重要因素。

现在,你已经知道大脑中与恐惧感相关的区域是海马体、杏仁核和大脑前额叶皮层,在这三个区域中,杏仁核与恐惧直接相关,海马体负责检索记忆,前额叶皮层调控人的行为。科学研究证明,如果改善这三个区域的功能和它们之间的关系,可以有效地克服恐惧感。在下一节的内容中,我们就来具体谈一谈这个问题。

07 信念疗法，让积极的想法压过恐惧

当你开始相信你的新信念，
你的想法和行为都将发生转变。

当杏仁核不受控制地发出警报信息，而大脑前额叶皮层又无法叫停它时，恐惧感就会泛滥。此时，杏仁核的势力比大脑前额叶皮层更胜一筹，想要控制恐惧感，就要想办法让大脑前额叶皮层在势力上压倒杏仁核。

大脑的神经元之间是靠突触连接的，如果两个突触经常受到刺激，彼此间的联系就会被强化；如果两个突触受到的刺激不强，彼此间的联系就会弱化。当杏仁核到大脑前额叶皮层的连接，远多于前额叶皮层到杏仁核的连接时，恐惧感就会加强。所以，要克服恐惧感，就得改变两者之间的关系，让前额叶皮层到杏仁核的连接增多。

怎样实现大脑前额叶皮层与杏仁核之间的结构变化呢？

目前，被证实有效且简单可行的方法就是——信念疗法，即当恐惧感来袭时，用正确的信念战胜恐惧。经过多次训练，刺激大脑前额叶皮层到杏仁核的连接，促进两者之间的关系朝着平等的方向发展。简单来说，就是用正确的信念替代原有的错误信念，让积极的想法压过恐惧的想法，通过多次重复，让前额叶皮层的力量超过杏仁核，从而克服恐惧感。

♥ 与恐惧有关的常见信念

恐惧来自我们对它的消极、负面的态度，而这种态度是由信念决定的。

下面是一些与恐惧相关的常见信念，它们不仅会影响人的自尊心，还会制造恐惧感。

- 我不行！
- 我是胆小鬼！
- 我做不到！
- 我很丑！
- 我不够好！
- 我真没用！
- 我不如别人！
- 我软弱无能！
- 我不能去做我认为正确的事！
- 我必须按照别人说的做！
- 我不能让别人失望！
- 我必须表现得很好，否则会受到惩罚！

这些信念看起来不尽相同，但都与恐惧的基本形式有关，那就是——我害怕失去控制、我害怕被拒绝、我害怕失败、我害怕失去！这些基本形式制造了所有的基本恐惧，而这些恐惧又反过来制造了恐惧事件和其他破坏性的感受，如愤怒、羞耻、焦虑等。

❤ 重建信念

触发行为的不是恐惧的事物本身，而是我们内在信念的投射。

"我一文不值"是一个负面信念，这个信念是已经被你内化的思想，你认为这是你的想法告诉你的东西。你从来没有质疑过它，所以这个信念就成了一种态度、一种确信，并最终成为你感知世界和自己的方式。但是，这个世界上没有谁是一文不值的，只是因为你的父母或你所处环境总是通过某些理由否认你的价值，才让你产生了这样的想法，而这只是一个想法。

现在，你可以选择与这个消极信念完全相反的积极信念，或尝试着写一下：

○ 我很有价值。
○ 我可以感到害怕。
○ 我值得被善待。
○ 我可以做得很好。
○ 我可以成为负担。
○ 我很可爱。
○ 我看起来很不错。
○ _____
○ _____
○ _____
○ _____

尝试理解这些积极的信念，就像内化原有的信念一样，你也可以内化新的信念。平日里，多想想这些信念；遇到问题时，强化这些信念。

PART 6

学会与压力
和平共处

01 面对压力时,身体会有什么反应

适度的压力可以督促个人成长,
可当压力突破临界点时,
就会让人感到焦虑不安。

人活在世上,必然要接受生活的变化和刺激(无论好坏),当刺激事件打破了机体的平衡与负荷界限,或者超过了个体的能力所及,就会产生压力。简单来说,压力就是个体在心理受到威胁时产生的一种负面情绪,同时会伴随产生一系列的生理变化。

格拉斯通研究所曾经提出9种会给个体带来明显压力感受的压力源类型。

○ 就任新职,就读新学校,搬迁新居。
○ 恋爱或失恋,结婚或离婚。
○ 生病或身体不适。
○ 怀孕生子,初为人父人母。
○ 更换工作或失业。
○ 进入青春期。
○ 进入更年期。
○ 亲友死亡。
○ 步入老年。

适度的压力并不是一件坏事,它能够促使我们不断地提升自我,让生活变得更充实。心理学研究表明，早年的良性压力是促进儿童成长和发展的必要条件，经受过良性压力的人将来更容易适应环境；如果早年生活条件太好，没有经历过任何挫折和压力，个体的心理承受能力与环境适应能力都会显出不足，稍有风吹草动就会惴惴不安。

真正需要警惕的是长期的、过度的压力，也就是恶性压力。

心理学家曾经做过一个实验：把一只猴子的双脚绑在铜条上，进行弱电击，但只要猴子拉下旁边的电源开关，就会停止电击。再后来，通电前会有红灯亮起，猴子对其建立起了条件反射，尚未通电前，看到红灯亮起，立刻就拉下开关。

随后，心理学家放了第二只猴子进来，把它和第一只猴子串联在铜条上。隔一段时间，就会亮起红灯、通电，每天持续6小时。第一只猴子高度集中注意力，一看到红灯就赶紧拉下开关；第二只猴子不知道红灯代表什么，每天正常生活。

二十几天后，第一只猴子死掉了，死于严重的消化道溃疡。在实验之前，研究人员对它进行过体检，健康状况良好。可见，这个病是在近二十天得的，最重要的致病因素就是，它每天精神紧张、担惊受怕，承受着巨大的压力，导致消化液与各种内分泌系统紊乱，因而得了溃疡。

这样的情况不仅仅会出现在猴子身上，当一个人长期处在压力之下，身体中的皮质醇就会分泌过量。正常情况下，在外界压力突然出现的短时间内，皮质醇可以迅速提升人体的生理和行为反应，以适应特殊环境的变化。如果皮质醇调节失常，就会出现一系列的生理异常，如血压升高、消化功能遭到破坏、身体疲劳、注意力减退等。

过度的压力，也会影响到个体的人际关系和日常生活，如：焦虑烦躁，没有安全感；对家庭的关心减少，没有耐心引导子女，不愿意出门活动；暴饮暴食、抽烟、喝闷酒，等等。所以，意识到自己背负的心理压力过大时，千万不要忽视，也许就是一个"不经意"，心理压力就滑向了心身疾病，到那时，你遭受的就是身心的双重伤害了。

02 ◇ 只要生活在继续，压力就不会消失

学会与压力和平共处，
重获对生活和自我的掌控感。

压力，常常会带给人一种失控感和压迫感，令人心烦意乱。正因为此，在面对压力的时候，许多人的第一反应就是排斥，想要彻底将它从生活中清除掉。

徐磊辞掉了被压力包围的工作，准备给自己放个长假。

追随心愿，每天睡到自然醒，听听音乐，研究一下美食；午后去散步，再追个喜欢的剧。觉得闷了，可以避开周末，在工作日去逛街，清静又自在。

大概过了两个多月，最初的轻松惬意开始渐渐变了味道，取而代之的是愈来愈强烈的焦虑不安。毕竟，这样的生活只是看上去诗意，但作为一个30岁出头、存款有限的成年人来说，不得不考虑现实的处境。眼看着就要续房租了，一股无形的压力又笼罩在徐磊的心头。

厌倦压力的徐磊，选择了辞职休假，把自己置身于一个"零压力"的环境中。逃离了工作压力，换得的只是短暂的舒适与安全，在残酷而真实的生活面前，他又与生存压力相逢。

只要生活还在继续，压力就不可能消失，因为人生的每一个阶段都有亟待解决的问题。真正有效的处理方式是从认知上调整对"压力"这一现象本

身的看法，坦然地接纳它就是生命和生活的一部分，主动调适压力引发的焦虑不安，为自己树立切实可行的目标，切断那些把情绪带入深渊的欲望，在豁达与变通中，与压力共舞。

那么，如何跟压力和平共处呢？究其根本而言，主要遵从三个法则。

♥ 法则1：减少压力源

生活中有些压力是不必承担的，如过分争强好胜、期望不切实际、太在意他人的看法、不懂拒绝……这些做法很容易给自己带来压迫感。对于这样的压力源，一定要主动干预，不要凡事大包大揽，适度表达和满足自己的需求，不去承担超过自身能力限度的任务。

♥ 法则2：提升自我效能

自我效能，指的是对自身能力的判断，对自身获得成功的信念强弱。

高自我效能的人，自信心与安全感也比较高，会把压力视为挑战而不是威胁。遇到挫折和困难的时候，不会自暴自弃，懂得自我调适。相反，低自我效能的人，自信心和安全感较低，容易把压力视为威胁，由此惊慌失措。

自我效能的高低与个人的经验、受教育水平等有关，努力学习技能、多积累正向经验、接受自身的缺点、学会自我赏识和自我激励，都是有效的措施。具体方法，可参照第三章。

♥ 法则3：掌握应对方法

逃避，只能暂时躲开压力的威胁，无法解决现实问题。所以，在面对压力时，我们要掌握积极有效的应对方法，这里提供两个思路。

1. 情绪焦点取向

不直接解决压力情境,而是调整自己的想法,专注于缓解压力之下的情绪感受。

2. 问题解决取向

把重点放在问题本身,在评估压力情境的基础上,采取有效的行为措施,直接解决现实问题,改变压力情境。

你可能会问:怎么判断该用哪一种策略呢?

如果问题一目了然,只要采取行动,就能消除压力与不安,那就可以直接选择问题解决取向;如果个人的情绪状态很差,大脑一片空白,根本想不出任何解决之道,那就不妨先调整情绪,待情绪稳定下来之后,再去解决问题。

03 孤独无助时，
学会倾诉与自我安抚

你辛辛苦苦地把痛苦包装起来，
绑上鲜艳的彩带，
执着于美好的样子并没有用。
包装底下，依然是痛苦。

有一个在外打拼的女孩，在距离上一次跳楼不足两个月后，再一次从高层跃落。那一跃，所有的年华、所有的故事，都随着尘埃飘散了。她离开后不久，家人在她的枕头下发现了一瓶安定，还有一个破旧的日记本，日记本上零零碎碎地记录着她的遭遇。

女孩说，她其实早已厌倦了生活。奔波在大城市里，没有丝毫安全感，每天戴着面具做人，剩下的只是疲惫。与上司相处要察言观色，处处小心；与同事相处要谨言慎行，生怕得罪了谁；与客户相处要热情洋溢，就算受了委屈也得笑脸相迎。每天遇到各式各样的人，遇到错综复杂的事，有失意，有痛苦，有愤懑。许多话不知该向谁说，也不知有谁值得相信，憋闷在心里久了，就变成了对生活的厌弃。

在浮躁而复杂的世界里，她那颗脆弱而不安的心，再无法容纳生活的重量，就做出了极端的选择，用结束生命来结束这一切。令人痛心的事发生后，周围多少知道她名字的人不禁扼腕叹息：你心里那么苦，为什么不说出来呢？

安全感是人最基本的需求，也是最重要的精神需求。如果失去了安全感，情绪就会产生剧烈的波动，焦虑、恐惧、身心失调和行为失调都会相继而来。女孩的悲剧令人惋惜，年轻的生命也已无法挽回，我们无法评判她的选择，处在人生的艰难时刻，也许只是一根轻飘飘的稻草，就足以将一个人的精神世界彻底压塌。

我们都渴望拥有安全感，却不能将这份安全感寄托于外界，指望生活变得踏实、稳定，指望别人永远能够理解自己的心思，主动递来需要的关怀。事实上，人生更像是一个动荡不安的过程，在感到压力过大、内心不安时，要学会释放和自助，这是重获平静的重要方式。

❤ 自助方式1：向对的人倾诉

独自背负所有不是坚强，过分独立、不敢自我表露也是缺乏安全感的一种表现，它可能隐藏着两个问题：一是不敢让别人看见自己的脆弱，不敢与他人建立亲近的关系；二是在过往的经历中，尝试过向他人倾诉，却没有得到共情和理解，由此留下了阴影。

为了打消顾虑，避免不被理解，一定要选择真正关心和理解自己的人去倾诉，确保自己说出的"秘密"不会闹得人尽皆知，给自己带来更多的不安。如果身边没有这样的知己，陌生的网友或是心理咨询师，也可以作为倾诉对象，因为彼此之间没有生活交集，既能有效地让自己缓释压力，也不必担心"秘密"被泄露。

❤ 自助方式2：不过分放大痛苦

没有安全感的人很喜欢钻牛角尖，往往会人为地放大现实压力和痛苦。这就很容易导致一个结果，即从受害者的角度看问题，只能看到问题的一个面。实际上，自己未必是受害者，却按照受害者的心理行事，把外界的刺激放大，认为很多人、很多事都是针对自己。

❤ 自助方式3：安抚内在的小孩

在感到不堪重负、无助难安时，不要用评判的眼光看待自己，而是要意识到自己正处于"小孩模式"；同时要认识到，除非作为成年人的自己好好去照顾他/她，否则这个内在的小孩是很难感到安全的。那么，怎样来安抚和照顾内在的小孩呢？

第1步：找一张自己孩童时期的照片，或是想象自己孩童时的样子。

看看小时候的自己是什么样的，是天真可爱、顽皮活泼，还是弱小孤单？

第2步：想象这个内在小孩，此刻就站在你面前。

观察一下，他/她是被照顾得很好，还是邋里邋遢？他/她看起来快乐吗？对你是什么态度？你可以告诉他/她："我回来找你了，很抱歉我把你丢在了这里。从现在开始，我会好好照顾你，让你感到安全。"

第3步：释放你所有的感受和情绪。

如果你觉得委屈和悲伤，那就哭出来；如果你感到愤怒，也可以说出来。把困在那里的所有伤害、悲伤和压抑的情绪，统统释放出来。

第4步：让内在小孩给你写一封信。

用你不常用来写字的那只手，让内在小孩给现在的你写一封信，说说他/她现在的感受。

在做这个练习时，你可能会涌起多种情绪，比如：看见内在小孩的时候，你可能会哭；看到他/她被留在那里无依无靠，你可能会很难过，甚至是内疚；你还可能会对这个小孩感到很陌生，像是从来没有见过他/她一样。反过来，内在小孩对你的感受可能是埋怨，感觉被你抛弃了，且把这种感受告诉了你。

请记住：无论是哪一种可能，都是正常的，它如实地反映了你和内在小孩的关系。你们需要花一些时间了解对方，了解内在小孩以及内在父母（这是一个新的角色，担负着照顾和安抚内在小孩的职责）。当你不再期望别人来做你的"父母"，你担负起了照顾自己的责任，并且对自己不想接受的东西设定界限，敢为自己站出来时，你会感到安全、自信和独立。

04 从紧张中抽离，找寻"片刻的放松"

陷入紧张焦虑的恶性循环时，
只有静下心来沉思片刻，
才能意识到让自己备感压力的现实，
并没有想象中那么糟糕。

"二战"时期，德国法西斯攻打英国，伦敦经常是火海一片，轰炸声不绝，可在这么紧要的关头，丘吉尔竟然坐在沙发上织毛衣。这件事传了出去，所有的英国人都不理解，抱怨他是一个无心的首相。

后来，人们才知道，丘吉尔织毛衣，是他独特的休息方式和自我放松术。他指挥着百万大军，管理着战乱中的国家，精神经常处于高度紧张的状态，他把仅有的一点儿空闲时间用来织毛衣，就是想分散自己的注意力，让精神得到放松。

生活在一个充满压力的世界中，紧张不安、焦虑急躁似乎已经成了现代的人通病，人们言谈之中随处可瞥见莫名的严肃与沉闷。多数人虽不喜欢这种状态，却不知道该怎么调整，任由它侵扰着内心。

那么，有哪些方法可以让我们从紧张的状态中抽离，实现"片刻的放松"呢？

♥ 方法1：放慢说话的语速

不知道你有没有发现：一直诉说紧张的事情时，我们往往会变得更加不安，就连说话的声音也会变大。语言可以映射出思想，而思想也决定着语言，两者是相互影响的。

当你感到紧张时，不妨让自己说话的语速慢下来，尽量使用平静的语调及字眼，静静地安抚自己，可以让紧张的情绪得到缓和。

方法2：全身放松法

当精神高度紧张时，人们全身的肌肉都会绷紧，会消耗大量的精力，让身心产生疲倦感。所以想要从不安中走出来，不妨尝试一下全身放松法。只需要坚持2分钟，你就会明显感受到，身体释放出了许多负能量。

集中心力，从眉毛、嘴唇、下巴、喉咙，然后到肩部、双手、腹部与大腿，一直到脚部，慢慢放松。这与冥想类似，你可以假想一切都是自由自在的，让肌肉全部放松，坐在椅子上，想象全身没有力气，让椅子承受自己的全部重量，肌肉不必担负任何重量。

方法3：写作宣泄法

美国的医学专家曾经对一些患有风湿性关节炎或气喘的人进行分组，一组人用敷衍的方式记录他们每天做了什么事情；另外的一组被要求每天认真地写日记，包括他们的恐惧和疼痛。结果，研究人员发现：后一组的人很少因为自己的病而感到担忧和焦虑。

把紧张、焦虑通过文字的方式表达出来，是一种很好的自我表露方式，它可以成为情感的宣泄口，释放负面情绪，让你更清晰地看到当下自己所迷惑和纠结的问题。

方法4：植物疗愈法

澳大利亚的一些公园里，每天早晨都会有不少人拥抱大树。

据称，他们在用这种方式减轻心理压力。相关人员研究发现，人在拥抱大树时可以释放体内的快乐激素，降低压抑激素。

当你感到紧张或不顺心时，也不妨找个清净的地方，伸开双臂去拥抱大树两三分钟，感受一下植物的神奇力量。

05 人生的多重角色，需要阶段性取舍

饰演好生活中的每一个重要角色，
不是简单地把时间和精力分成几个等份，
而是找到合适的平衡点，阶段性地取舍，
不断地实践总结，才能从容地应对。

生活就像一个随时变换场景的舞台，每个人都是演员，身兼多种角色。这些角色各有差异，却都属于一个整体，相互影响、相互促进、协同增效，每一个角色对其他角色都有影响，各个角色之间不是你输我赢的对立模式，而是相互依赖的供应模式。如果一个重要的角色饰演不好，就会影响到其他角色。

露莎是一个雷厉风行的职场女中层，有强烈的事业心，每天为了工作奔波。然而，努力和忙碌是两个概念，效率和时间也不是对等的关系。从效能上来说，她没有饰演好领导的角色，把所有事务性工作都压在自己身上，忽略了授权的重要性。

没有饰演好职场中的领导角色，必然会带来压力与焦虑。这种情绪上的压抑不能在职场表现出来，就被露莎无形中带回了家，影响到她在家庭中的角色——妻子。幸好，露莎目前还没有孩子，否则的话，她极有可能会成为一个没有耐心、急躁而又时常自责的母亲。

露莎的处境，也折射出了不少新时代女性的困惑：渴望有独立的事业，

也想成为顾家的妻子，更想给孩子温暖的陪伴。多种角色要去饰演，精力和时间却很有限，如何让每个身份角色势均力敌，就成了一个难题。那么，究竟有没有解决之道呢？

在这个问题上，美国赛仕软件公司（SAS）前中国区总经理龚仲宝，以及环球资源公司华南区人力资源经理邓珊，分别提出了她们的一些心得体会，我认为很值得借鉴和学习。

❤ 分清角色重点，合理利用时间

龚仲宝带领公司的一个团队，队员多以男性为主，团队的凝聚和提升离不开她。同时，她又是两个女孩的妈妈，孩子的成长更是需要她的陪伴。她的平衡办法就是，分清角色重点，追求时间质量。

在家里的时候，她会主动跟孩子们一起做游戏、讲故事，无论时间长短，都把注意力放在孩子身上，做到全身心地陪伴。离开了家，走进公司，她会珍惜每分每秒，合理安排工作，力求把时间用到极致。她的工作需要团队的配合与执行，所以她会规划每件事情的优先权，依次排序，把计划安排和下属沟通好，让他们都了解工作的重点。一旦遇到了问题，下属都能知道在什么时候、以什么方式向她求助。

把角色分开，合理安排时间，可以让大脑得到充分的休息。角色虽然不同，但也有相通之处。有些在职场里没有解决的问题，回家休息后，很可能在第二天就有了灵感，从而迎刃而解。

❤ 阶段性地调整目标，不求面面俱到

邓珊的工作就是与人打交道，这也是她擅长的领域。根据自身的观察和经验，她认为女性在面临事业与家庭的问题时，最重要的是明确目标。比如，如果希望照顾好家庭，在职业目标上就不要给自己太大的压力，要选择

折中的方案。如果希望在职业上提升，那么就要多跟家里人沟通交流，得到强有力的后方保障，且自身也得有一些牺牲。这样的平衡可以阶段性地进行调整，以满足自己的人生需求为最终目标。

　　无论是男性还是女性，都很难完美地做到事业与家庭的绝对平衡。工作上随时会有新的变化，家庭里随时会出现不同的需求和矛盾，每一天的变化决定了我们无法将同等的精力平衡地分配在两者身上。有时越想兼顾，越是两者都无法协调好。做"二选一"的抉择是在为难自己，相对有效的解决策略是，根据当下的处境权衡轻重缓急，哪一边对你更重要，就暂时倾向于哪一边，实现一种动态的平衡。

06 学会自我解压，让你的身心透一口气

长期处在压力之下，并保持抵抗心理，才是被压力吞噬的真正原因。

当你意识到压力过大，总感觉焦躁不安时，该怎样帮助自己解压呢？

♥ 方法1：自我对话

1. 停下手边的事情

当你感觉心神不安，内心被压力填满时，先把手边的事情停下来。短暂的停歇，不会造成太大的影响，带着压力勉强硬撑，才是费神费时又费力。

2. 直面压力状态

停下来之后，你就要直面压力了。所谓直面，就是不抗拒这种状态，承认自己正处于压力中。如果你不承认它，甚至讨厌自己的这种状态，认为它不应该出现，不仅于事无补，还会造成进一步的心力耗损。

3. 进行自我对话

通常，感到压力是潜意识里存在不安全感，这种不安全感与成长经历有关，它可能是怕犯错、怕不配得、怕能力不足、怕不被爱、怕孤独、怕失控、怕不被认可、怕失去地位，等等。比如，当你为了一项任务感到焦虑时，看似是工作导致了压力，但可能背后潜藏的台词是："我害怕做不好这件事，怕老板不认可我，怕自己不配得这份工资……"所以，当你感到压力时，记得扪心自问一下："我到底在怕什么呢？"

4. 理性地分析想法

对于上述的恐惧情绪，你认为它合乎情理吗？比如，你负责的那项任

务，是不是很有挑战性？或者难度很大？如果没有做好，一定会被辞退吗？公司里的其他同事出现类似情况时，老板通常是怎么处理的？借此评判一下，你是否夸大了这件事可能带来的后果？

5. 设想最坏的结果

假如你设想的最糟糕的结果出现了，老板真的认为你能力不行，把你辞退了，你的人生会不会从此变得一塌糊涂？你这辈子是不是再也无法找到一份新的工作？

6. 思考解决的办法

做了最坏的打算之后，你不妨再想想可以怎样解决这个问题，且让自己将它放下。你可能会想到，向同事求助、查找更多的资料、向老板申请多一点时间……当你内心冒出这些可行性措施后，不安感就会随之减轻。

❤ 方法2：与身体对话

人在感受到压力时，身体往往会出现一系列反应，如心率加速、身体紧张、血压升高、失眠、消化不良、无法放松等。此时，我们要和身体进行一场精神对话，让它慢慢平静下来。要知道，身体自主神经系统的控制能力，远远比我们想象中更强大。

（1）用腹部进行深呼吸，吸气和呼吸时要屏住几秒钟。

（2）屏气的时候，试着让身体放松。

（3）与身体进行对话，让它平静下来，并想象着它已经恢复了平静。然后，把手放在胸口，在心里默默地对自己说："很好，你现在可以冷静下来了。"

（4）想象着你的心率正在慢慢减缓，伴随着你的呼吸，开始逐渐恢复正常。在心里默默告诉自己："你现在什么都不用做，只要放松，你可以做到。"

（5）你可以把自己的身体想象成孩子，用充满爱与关怀的口吻对它说:"我知道你累了,你很辛苦,休息一下吧!别怕,你现在很安全。"

(6)练习5分钟左右,感受身体的变化。

♥ 方法3:写作疗愈

当压力袭来时,头脑往往会显得有些混乱,理不清思绪。这个时候,如果能够把脑子里的想法写下来,并列出问题清单,往往可以减轻一部分压力,梳理出解决问题的办法。

准备一张纸、一支笔,把脑子里冒出来的各种想法逐一写下来:

(1)看看所列的事项中,哪些是让你担忧的,哪些是需要你做的,哪些问题对你提出了挑战,哪些人是你想要与之沟通的,哪些人是你不想看见和面对的。

(2)一直写,直到没有可写的内容时再停笔。

(3)完成书写后,把清单中你认为最重要的东西标记出来,对其进行分类:第一类是你当下有条件和能力完成的事项;第二类是你目前无法完成或极具挑战性的事项。

(4)重新拿一张白纸,分成两栏,上述两类事项各占一栏。

(5)对有条件和能力完成的事项,列出可采取的行动。

(6)对暂时无法完成的事项,列出所存在的问题,并努力地解答。当你列出了几种可能性,问题的答案往往就快浮出水面了。如果自己想不出来,可以尝试求助可信任的人。

(7)当两类事项的行动清单都列出来后,可以为之做一个时间规划,逐一去完成。

以上的几种解压方法,可以单独使用,也可以结合使用,根据自己所需而定。

07 列一个压力清单，澄清要面对的东西

压力清单的意义在于澄清压力源，
了解哪些事物是主观上可控的，
哪些事物是自己无能为力的，
这样更有助于积极地应对压力。

诱发焦虑的一个重要原因，就是由于多事务叠加、压力增大，强化了不确定性。面对这样的情况，可以试着列一个压力清单，帮助自己澄清压力源，了解哪些事情是自己可以控制的，哪些事情是自己无能为力的，做好归因分析。

那么，具体该如何运用压力清单呢？我们可以借鉴《焦虑急救》中推荐的方法。

1. 压力评估

当你感觉任务繁多、时间紧张的时候，可以试着先放下手头上的事，找一个安静的环境让自己放松一下。过了一刻钟后，如果脑子还是被各种待办事项萦绕，那就说明压力有些大，你需要借助清单来缓解一下了。

2. 列出所有的待办事项

把那些让你感到有压力的事项，无论是正在做的还是待办的，全部罗列出来，不用进行排序，如给家里做大扫除、和孩子沟通玩手机的问题、正在做的设计图、让你感到为难的朋友的请求……不一定一次性完成，随时都可以进行补充。

做这件事时，最好不用电子文档，用纸和笔来完成。这样的话，可以

排除网络的干扰，更专注地与自己的内心对话。这个过程，其实也是在缓解压力。

3.对各项任务进行备注

对于清单上的各项任务，可以备注你所想到的解决办法、所需时间、可用资源。同时，也可以深入追问：是否可以不做？能不能交给其他人去做？时间上能延后吗？任务可拆分吗？这样做的目的，不是为了即刻解决问题，而是为了释放压力。

这就是压力清单法。试想一下：在未来一周或一个月内，你有可能会遇到任务多、压力大、心情焦虑的情况吗？如果有的话，不妨尝试用这个方法来处理一下。

PART 7

改善亲密关系
中的不安全感

01 ◇ 亲密关系是一面照见自己的镜子

每当你"感觉"受到伤害时,
可能是因为你心里有一个"伤口"被触碰到了。

凌玲和男朋友刚确立恋爱关系时,每周见三次面,每晚打电话到深夜,甚至是视频看着对方入睡。这种炽热的状态持续了三个多月,最近开始慢慢降温。上一周,男友的大学同学到访,他和凌玲的联络少了许多,这让凌玲有点儿难以接受。冷却了几天,再见面时,男友特意给凌玲带了礼物,对于上周有事没能陪她表示歉意。

那次见面,凌玲发现男朋友的状态和过去不太一样,有些闷闷不乐。她心想,是不是男友认为自己太小心眼了?她旁敲侧击地询问,男友只是回应说工作上遇到了一些问题,加了两天班有些累。凌玲没再追问,但心里却不太舒服。

每一次恋爱,凌玲都全情投入,好像全世界只有那个"他",而她也只要有"他"就够了。有时,连家人朋友的信息都懒得回复,而对方一旦"冷落"自己,她就焦躁不安。

像凌玲这样的姑娘,在生活中并不少见,大家习惯用"黏人"来形容她们——总希望另一半陪在自己身边;不在一起时,发消息必须秒回,稍有迟疑或未回复,就会让她们胡思乱想,甚至是气急败坏。她们可能会指责另一半"冷落"自己,不及时告知状况。从表面上看,似乎是对方让她们产生了担心和焦虑,但这是问题的根源吗?不,这只是导火索。

亲密关系是一面镜子，可以让人照见真实的自己，同时也折射出他们内心最不想面对的部分，如害怕分离、害怕独处、害怕被抛弃、害怕不值得被爱。

为什么亲密关系会成为一面镜子呢？

我们的潜意识充满错综复杂的选择、记忆、想法、信念和感觉，这与我们成长过程中的经历有关。当我们进入一段亲密关系后，在跟伴侣的相处或者矛盾争吵中，会不断触发这个潜意识机制，会让早年的一些情绪重现，仿佛回到孩提时代，难以摆脱那种痛苦的感受。

在这样的情境下，我们会选择与伴侣争吵，埋怨伴侣做得不好，内在的原因就是，指责伴侣远比面对自己的痛苦要容易。实际上，我们不该厌恶这样的时刻，只要诚心检视和追溯，这个过程会让我们不断发觉自己内心深处的症结，让我们更加了解自己。

因为心上有一个或多个"伤口"，他人不经意地碰触，就会刺痛我们敏感的神经。伴侣不是用来满足我们内在需求的，内心深处的问题，归根结底还是要靠我们自己来解决。当问题发生时，不要只是一味地把手指向伴侣，还要记得向内看看——我为什么会那么在意他说的某句话？我为什么会觉得自己很受伤？这种体验让我想起了什么？我生气的背后有没有恐惧存在？这些，才是真正需要关心和解决的问题。

以凌玲为例，她需要认识到——男友是一个独立的人，需要有自己的时间和空间；且亲密关系的倦怠感总会到来，无论换多少个伴侣，总有一天，激情会褪去，对方会让自己不再那么小鹿乱撞、热血沸腾，彼此之间不再时刻黏在一起。要透过亲密关系这面镜子，深入地了解自己，看到内心深处的不安究竟是什么。如果这份不安来自畏惧独处，那么她需要重建认知——分离不等于抛弃，相爱不等于共生体。只有疗愈了内心的创伤，学会了跟自己的孤独相处，她才能更从容地与伴侣相处。

总之，美好的亲密关系，并不是要找到一个完美无缺的灵魂伴侣，也不是让对方满足自己安全、爱、性、情感、财务等需求，而是借由亲密关系伴侣的存在，看到自己在成长过程中缺失的部分，正确表达自己的感受和情绪，用爱来支持自己去面对伤痛。这个时候，疗愈就开始了，而彼此的关系也会变得更加亲密。

02 深层的关系来自看见真实的彼此

在我们全然爱上自己之前,
我们无法真正爱上任何人。

安安与我分享了她经常做的一个梦：不知何故，她突然赤身裸体地出现在某个地方，她紧张、惶恐，充满了羞耻感，恨不得赶紧逃跑，或是找个角落躲藏起来。她经常会想到这个梦，却一直无法理解，也羞于启齿。如果不是因为感情问题走进咨询室，她恐怕一辈子都不会把这个梦讲给别人听。

经过了一段时间的探索和讨论，结合安安过往的一些经历，我和她一起解开了这个梦的含义：梦境中的赤裸，与性的关系不大，其本意是真实的自我。安安真正想躲藏和逃避的，也不是赤裸的身体，而是潜意识里那个真实的自己，被压抑得太久乃至已经无法辨认的自己。

在一次咨询中，安安对我说，前些天她在读到村上春树写的"你要做一个不动声色的大人了，不准情绪化，不准偷偷想念，不准回头看……"时，感觉特别难受，仿佛瞥见了那个住在身体里脆弱无助的"小孩"。

现实生活中，当一个家庭遭遇意外或巨变后，成员原来的相处模式会被打破，也会给家庭成员造成创伤。往后的日子里，每个成员都需要去疗愈，用不同的方式，或错或对，或平缓或激烈。

安安12岁那年，全家人遭遇了一场车祸，姐姐去世。父母的悲痛难以形容，就是从那时起，安安开始"不动声色"了。她不去说自己的心情和想法，把所有的感受都留给了黑夜；不袒露自己的恐惧和脆弱，假装一切都不可怕；努力把一切事做到最好，让家人感到放心和踏实；承受着难以背负的压力，咬牙憋着眼泪也只字不提。

这些年里，安安长成了一个"乐观坚强、独立能干，做事麻利、说话很快，隐忍大度，不惜委屈自己"的女孩。时间久了，她以为那就是"她"，但其实她已经忘了自己最初的样子。外表的强硬，内心的弱小，成了一对矛盾体，时刻在对同一个躯体进行着激烈的撕扯。

当安安开启亲密关系的人生课题后，她深藏在内心的不安全感，一下子暴露无遗。面对喜欢的人，她不敢表达真心，潜意识里充斥着一个信念——不开始就不会结束，就不会有被拒绝的可能。当对方试图靠近她时，她选择了回避和隐藏，害怕把真实的自己暴露出来，怕不被接受、不被爱。她在维护一个虚假的"完美形象"，以确保心理上的安全。

如果你看过电影《心灵捕手》的话，应该更能够理解安安的状态。

影片中的男孩威尔，是一个有着数学天赋的、放荡不羁的校园清洁工，他可以在一个晚上就做出麻省理工学院数学教授兰博两年才解开的难题。教授不想威尔的天赋被浪费，很想帮他，却遭到了拒绝，因为威尔是一个内心分裂的男孩。

教授为威尔找了五个心理咨询师，都没能走进他的内心。他用自己的辩才和智慧，羞辱嘲笑那些心理咨询师，威尔所有的做法都是在掩盖一个事实，那就是他怕被人看穿，怕不被接受。他是一个孤儿，在成长的过程中，遭受过养父母的多次抛弃。

后来，威尔遇到了心爱的女孩，尽管内心很在乎对方，他却不愿意进一步交往，甚至一度想要结束，声称——"现在的她很完美，我不想破坏"，但他内心真实的想法是——"我给她留下的印象还算完美，我不想破坏"。

第一次会面做治疗，威尔从咨询师桑恩的画中，看穿了这位咨询师的心思。可是，桑恩没有像其他心理咨询师一样故作掩饰，而是直接表达出自己的愤怒，甚至掐住威尔的脖子。这是桑恩与威尔最直观的区别，他在感到愤怒的时候，会袒露自己的心声，表达自己的感受。

桑恩的反应让威尔惊讶，这是一个有血有肉的、像极了普通人的咨询师。威尔卸下了防御，桑恩让他第一次体会到：当一个人敞开心扉，允许真实的自我"被看见"，不一定意味着关系会结束。

在后续的治疗中，桑恩不断地对威尔重复着一句话："不是你的错。"无论威尔做出什么样的反应，他都在不停地说这句话。最后，威尔抱着桑恩失声痛哭。那一刻，他真的与过去握手言和了，也终于意识到了，那一段被抛弃的经历只代表过去，不是他的失败，不是他的过错，而他应该活出自己本来的样子，追求自己想要的幸福。

要与他人建立深层的关系，就要先学会接纳自己，用真实的自己去跟对方进行情感沟通，才能在互动中获得理解、认同，才能由内而外地充满力量。这种力量是平和的、温柔的、慈悲的，因为它饱含了对自己、对过往的包容与爱。

03 　就算不够优秀，也依然值得被爱

优秀从来都不是被爱的原因，
而是被爱的结果。

在咨询工作中，我接触过许多来访者，也听到过许多不同的人生际遇。当他们鼓起勇气去探索自我、对内心的困惑进行深度剖析时，我也关注到了一个事实，即许多内心问题的原罪，是一种近乎偏执严苛的自我要求：我要变得优秀、我不能犯错、我要比周围的人过得更好……为了达到这些标准，有的人偏执，有的人焦虑，有的人抑郁，有的人分裂。

有人不解，甚至会质问：不优秀，怎么在激烈的竞争中生存？不优秀，怎么能让别人肯定自己？不优秀，怎么能够吸引心仪的人？确实，这些困惑有合理的成分，毕竟在现实生活中，我们切实地看到了，优秀可以让人得到更多的认同，也能更好地适应社会。

追求优秀本身不是错，也不一定会带来心理问题；真正让我们内心产生冲突并感到不安的，是根植于心的功利性审美，即：我能够得到多少爱、多少认同、多少欣赏，取决于我有多优秀。我的优秀程度，定义了我的价值，也决定了别人对待我的方式。

从小到大，春晓一直是别人眼中的"好孩子"，每次考试都努力争第一，为的就是看到父母喜笑颜开的样子，听他们夸奖自己"很棒"。每一次被肯定，春晓都觉得很荣耀，感受到了自我价值的存在。不知不觉中，春晓就把优秀和被爱联系在了一起，一个念头在她的脑海里慢慢扎根：别人喜欢

我，是因为我善解人意、我成绩好……总之，被喜欢是有条件的。

为了获得别人的喜爱，她希望自己变得更优秀，为此也开始严苛地要求自己：要出众、做好人、有教养、多学习；不能落后于人，不可以犯错，不能有怨言。做不到的时候，她就会感到不安、恐慌、郁闷，担心自己不被喜欢、不被欣赏和认可。

这是一条艰难的路，春晓吃了不少苦头。她极力把自己最好的一面呈现出来，哪怕偶尔有委屈和不满，也会悄悄藏在心里，拒绝暴露自己的脆弱和自卑；为了避免犯错，她宁愿把手边的机会让给他人；一旦做不好某件事，她内心的自责会折磨得自己彻夜难眠。

这种模式也影响到了春晓的亲密关系。她觉得，另一半对自己的喜爱，很大程度上是因为对方看到了她身上的闪光点。她总是小心翼翼地跟对方相处，害怕对方看到自己的不足，甚至在对方做了一些让她不开心的事情时，也强忍着情绪不表现出来。

直到有一天，春晓因为工作压力，陷入了低迷中。她在男友面前哭了，觉得自己没有把该做的事情做好，她有强烈的挫败感，认为自己糟糕透顶……那一刻，她可能是压抑不住了，也承受不了了，以至于做好了"他看到我歇斯底里的样子后会离开我"的准备。

但是，春晓猜错了。男友很平静地听她诉说了自己的感受，然后安慰她："咱们都得承认，自己只是一个普通人，没有超能力，身体和精力都有极限。谁都会有疲累的时候，这不是错，你现在最需要的是休息。"

过去春晓一直觉得，自己比同龄的男友要成熟，可透过这件事她发现，自己的理性和坚强带着太多的隐忍，甚至是一种逞强。在处理问题这件事上，男友的心理状态是柔软的，也正是因为有了这份柔软，才能活成乐天派，缓缓而又安全地接住自己和他人的情绪。

那次的经历触动了春晓，可要说彻底改变，还不太现实。毕竟，成长是很缓慢的，但只要意识到了，就开启了改变的契机。

在亲密关系中，理想化的破灭是关系加深的开始；对于自我成长，理想化的破灭也是向内认识自己的开始。当一个人敢于暴露脆弱，承认自己有局限性的事实时，恐惧感就会下降；不用刻意去压抑一些东西，也就不用活得战战兢兢，处理问题也会多几分从容。

每一个真实的我们，即使不完美，也配得上这世间所有美好的东西。当你相信自己是有能力的，是值得拥有一段稳定关系的，是值得被爱的，是值得拥有想要的生活时，你会欣然发现，你对生活和爱都无须担忧。

04 重新"长大"一次，重新理解"缺席"

缺席不意味着消失或抛弃，
只是暂时地离开而已。

有一个小女孩，在她还没有学会游泳时，就被别人从船上丢了下来。她很害怕，在冰冷的海水里挣扎，忽然看到海上漂浮着一块木头，她就紧紧地抱住那块木头，生怕被抛弃。

直到有一天，小女孩遇到了一个老人，他教她游泳，教她与人相处之道，让她重新学会信任。小女孩不再依赖那块木头，开始靠自己的力量向岸上游，老人并未一路跟随，可她不再害怕，她会永远记得老人在自己的生命中出现过，他的教诲和鼓舞也将伴她终生。

你，看懂这个故事了吗？其实，它隐喻着一个人的成长历程。

许多缺乏安全感的人，早年没能够与一个同频的、在身边的、滋养型的养育者建立健康的依恋关系（发展出客体恒常性），没有发展出信任感与安全感，因而内化了一个信念：这个世界是不安全的，分离是可怕的。任何形式的分离，都会触发他们再次体验到被抛弃、被拒斥、被贬低的痛苦，为了避免被抛弃、被伤害的可能，他们会开启求生应对模式，如否认、黏人、回避、报复等。

♥ 客体恒常性

客体恒常性，就是我们与"客体"能够保持一种"恒定的常态"的关系。简单解释，就算亲人不在身边，也相信他们内心依然记挂着自己；即便爱人没有即刻回复消息，或是想要独处，也不会感到沮丧。他们知道，缺席不意味着消失或抛弃，只是暂时地离开而已。

如果你在亲密关系中经常觉得没有安全感，那么了解了客体恒常性的问题，有助于你更好地理解自身的行为模式。当潜意识里的东西被意识化以后，我们可以更好地觉察自己的情绪感受，并做出适当的调整。

想要改善在亲密关系中的安全感，较为有效且可行的办法是尝试与稳定的人建立关系，重新"长大"一次，重塑内在的信念。这个稳定的客体，可以是情绪稳定、人格健全的朋友或伴侣，也可以是专业的心理咨询师。

与稳定的客体在相处中体验到正确的互动方式，可以重塑思维模式。特别是心理咨询师，在固定的时间、地点，见固定的人，他不加评判地理解你，理解关系中的冲突和伤害，这样的环境在某种程度上还原了早年稳定的母婴关系，通过重塑早年的情感体验，你会慢慢学会信任，正确地理解"缺席"与"分离"。

安全感是内心长出的盔甲，终究还得依靠自己的力量重塑内在的信念：没有哪一段关系和哪一个人是完全好或不好的，对于自己和他人，无须用非黑即白的方式去看待。恋人之间难免会发生冲突，但这并不意味着不爱对方；有时伴侣需要独处的空间，但这并不意味着他要抛弃你；就算有一天对方想结束这段关系，也不代表我们不够好，只是两个人在价值观、需求等方面不匹配，各自选择了不同的人生道路而已。

05 感觉被抛弃时，与自己进行理性对话

成长是需要学习的，
学习须受到支持才能有效地进行。

一位网名叫"水豚先生"的朋友说，他很害怕被忽略、被抛弃，没办法忍受别人比他先说"再见"，那会让他觉得自己像是被遗弃在荒漠。在恋爱关系中，他总想时刻掌握对方的动态，一旦女友不和他联系、不回复消息，他就忍不住打电话追问她在做什么。他并不想这样，可是内心的不安怂恿着他，让他无法自控。

亲密关系中缺乏安全感的一方，为了消除"被抛弃"的主观感受，总会忍不住想要掌控对方的一举一动。这样的相处方式，逐渐会让对方感到疲惫和厌倦。我们都知道，这样的控制是毫无意义的，只会强化对方想要逃离的念头，毕竟人都需要独处的空间。

在给"水豚先生"回复时，我提及了两个要点：第一，要明白"被抛弃感"不等于现实，它只是一种主观臆想或猜测；第二，当这个念头出现时，与其伸手去"抓"对方，不如与自己进行理性的对话。关于理性对话的方法，在此也跟大家分享一下。

❤ **Step1：描述客观事实**

女朋友告诉我，她心情不太好，工作上遇到了一点儿阻碍。周末，她想一个人去爬山，放松心情，顺便独自思考一点儿事情。她没有跟我说具体的

问题，也没有让我陪她一起去，我觉得自己对她来说好像不那么重要，有一种被抛弃的孤独感。

♥ Step2：进行理性对话

有什么证据可以证明，我对她而言不重要？她从事程序员的工作，而我不太懂这方面的问题，给不了任何有价值的建议；她想一个人静一静，这是她的权利，感情固然重要，可独处的空间也很重要。

♥ Step3：调整个人想法

周末她去爬山，我可以给自己安排一些喜欢的事情，比如：平日里没时间看的书或电影，都可以借此机会"补"一下了。

06 培养共情的能力，理解彼此的感受

安全感来自双方的互动，
而不是对彼此不幸的漠视。

周六傍晚，陈偌和男友开车去附近的麦当劳餐厅。由于餐厅的车位紧张，他们就把车停在了对面的一处停车场。停好车后，陈偌想到50米远的一处甜品店买点东西，再步行去麦当劳。这时，男友提出想去卫生间，结果就发生了下面的一幕：

男友："我想去卫生间。"

陈偌："咱们先去一趟甜品店，几分钟就好。"

男友："我说了，我想去卫生间！"

陈偌："一会儿就买完，省得回来再跑一趟了。"

男友："愿意去，你自己去吧！"

说完，男友径直朝着麦当劳的方向走去，俨然是生气了。

为什么男友如此生气呢？每次陈偌提出想要去卫生间的时候，无论是在路上开车，还是在其他什么地方，他都会第一时间考虑到陈偌的需求，除非特殊原因无法实现，否则绝不会让她忍着。可是，轮到他想去卫生间时，陈偌却没有给予共情式的回应。

为什么陈偌非要去甜品店呢？出门之前，男友提到想吃曲奇和泡芙，她希望先买一些甜品再去麦当劳，这样既顺路又可以吃到喜欢的食物。没承想，男友非但不理解，还发了脾气。

面对这样的情形，如果你是陈偌，你会选择怎么处理呢？

——"就这么点事儿，至于发这么大脾气吗？"
——"生气就生气吧，我还一肚子委屈呢！"
——"恋爱真是烦人，真不如一个人来得自在。"

这样的回应在亲密关系（稳定期）中很常见，矛盾升级往往也是在这样的互动中形成的。不过，陈偌并没有这样说，她在心理上和行动上做了以下几件事：

（1）承认男友爱生气，也接纳他这一缺点，因为每个人都不完美。
（2）看到自己在这件事中存在的过错，没有在男友提出想上卫生间时，及时共情他的感受，回应他的需求，如"那赶紧去卫生间吧"；或者用合理的方式解决问题，如"你先去卫生间，我到甜品店看看，待会麦当劳见"。
（3）理解自己的第一反应，因为自己想去买甜品。平日里，遇到类似的情况，如果不是太着急，自己可能会选择稍微忍一会儿，避免多跑一趟路。
（4）以共情为基础，与男友进行沟通。

到了麦当劳后，男友先去了卫生间，随后找了一个位置坐下。这时，陈偌开口了："对不起呀，刚刚没有考虑到你的感受。之前每次我想去卫生间，你都会尽快想办法，第一时间照顾我的感受。我反思了一下，我刚刚的回应确实有问题。"

在被共情之后，男友凝重的表情慢慢舒展开来，他说："我和你的情况不一样，要是不着急的话，我就不会那么说了……看看你想吃点什么？"

这是生活中再常见不过的小事，但也正是类似这样的小事，磨灭了许多人对亲密关系的热情，在指责和埋怨中让争吵不断升级，各说各的理，各诉各的委屈。想要维系长久的亲密关系，坦诚的互动、真诚的倾听、体验并理解对方的感受、做出共情式的回应，缺一不可。

亲密关系中最重要的感受，就是感觉自己被另一半理解和关注。沟通中的事件本身并不重要，感受到自己在沟通中被理解和关注，才是在互动中缓释情绪、加深关系的重点。这也间接解释了亲密关系是如何帮助人成长的：两个人在沟通的过程中，接收到对方的想法和感受并作出回应，不仅扩充了自己的感受和想法，也扩充了对方的感受或想法，彼此都在这段关系中有所收获。

那么，怎样才能在亲密关系中建立并维持相互的共情呢？

❤ 不断地重新评估自己的信念

对于"一段好的亲密关系是什么样"的问题，每个人都有自己的看法。当我们和伴侣之间出现矛盾冲突的时候，这些信条就会不自觉地跑出来，影响我们的言行。

看看下面的这些信条，是否曾经在你的脑海里出现过？

——相爱的人不应该吵架。
——在感情这件事上，男人就应该比女人主动。
——男人不会珍惜太容易追到的女人。
——如果不曾神魂颠倒地迷恋对方，这段关系肯定有问题。
——男人的职责是赚钱养家，女人的职责是照料家务、带孩子。
——女人是听觉动物，男人是视觉动物。

上述的这些信条都是单一维度的，所提供的解决问题的路径也是狭窄的。

有些女性认为,男人应该比女人主动,这就使得她们在很多问题上都呈现被动的姿态,即便内心或生理上有正当的需求,也羞于启齿。这一信条可能跟她们保守又严苛的母亲有关,当她们意识到这一点,并且从这一束缚中解脱后,她们就可以构建出新的、能够尊重自我感受和需求的信条。如此,她们便能够坦然地做自己,表达自己的需求,与尊重和欣赏真实自己的人建立亲密的关系。

❤ 表达自己的感受,而非指责伴侣的过错

在发生矛盾的时候,许多人习惯以第二人称"你"开头来表达自己在当下事件中的感受。其实,这种表述方法并不理想:用"你"来表述的话语通常具有攻击性,会引起对方的防御反应,接收信息的伴侣更多地感受到的是一种指责和抱怨,很难对你的感受产生共情,而且很容易激怒伴侣,让情感沟通陷入相互指责和攻击的恶性循环。

如果用第一人称"我"作为句子的开头来描述自己的感受,情况就会大不一样:用第一人称"我"对自己当下的情绪感受进行表露时,可以更好地分辨自己在事件中的感受,同时,接收信息的伴侣会把重点放在你的感受上,会更容易给予理解和共情。在这样的情况下,伴侣也更可能对你进行安慰,或是自我反省并道歉。

现在,我们不妨体会一下这两种表述方式的差别:

○ "你"开头的表述——"你这个人总是那么自私!"
○ "我"开头的表述——"我觉得自己最近承担了太多的家务,很疲惫。"

○ "你"开头的表述——"你还知道回来呀?也不看看几点了。"
○ "我"开头的表述——"我等了你一晚上,这种感觉挺难受的,特

别孤独。"

共情给了我们一把打开幸福之门的钥匙,当我们愿意放下执念与期望,接受自己好与不好的特质,接受伴侣是一个有瑕疵不足却可以成长改变的人时,我们就会发现,没有什么问题是大到爱无法解决的。

PART 8

打破社交焦慮
的魔咒

01 社恐？不，也许只是社交焦虑

社交焦虑是一种情绪，
是生物性所带来的自然反应。
社交恐惧症是一种疾病，
是自我认知和社会认同之间的矛盾。

没有谁是一座孤岛，生活在这个世界上，我们每天不可避免地要参与到各种社交场合中。有些人在社交活动中从容得体、大方自如；而另一些人却在社交场合中紧张不安、不知所措，严重时还会语无伦次。如果你发现自己也被后一种情况困扰，那么接下来的内容，应该会让你对自己的行为表现有更多的理解，并使你获得实际的帮助。

❤ 社交焦虑

社交焦虑，是指个体在与他人交往时产生恐惧、紧张和焦虑感的现象。每个年龄段的人都会有这种情绪，不存在明显的性别差异。社交恐惧会影响正常的人际交往，让人变得不善言谈、倾听和交友，也会进一步造成孤独感，阻碍与他人建立亲密关系。

那么，怎样判断自己是否存在社交焦虑呢？美国精神医学学会的《精神障碍诊断与统计手册》（DSM-5，2015）中，对社交焦虑障碍提出的诊断标准主要有以下四条：

1. 在面对陌生人或潜在的观察者时，对一种或多种社交行为产生明显且

持续的恐惧感

这种恐惧体现在，当事人担心自己会做出一些被他人嘲笑，或是让自己陷入尴尬境地的行为。实际上，他们通常不会真的做出那样的事情，只是担心自己将会那样做；一旦他们相信这样的事情存在发生的可能性，就会感到惊慌失措。

2. 处在令自己恐惧的社交场合中，无法避免地产生恐惧感

对于不同的人来说，触发社交焦虑的导火索是不一样的，也许是进入人多的房间、与人长时间交谈；也可能是打电话、当众吃东西或发消息；还可能是当众演讲……无论是哪一种，对他们而言，都是一件难以完成的事情。

3. 认识到自己的恐惧感是不合理的或是过度的

社交焦虑引发的结果之一就是，当事人往往能够意识到，造成焦虑和恐惧的事物本身并不可怕，且别人通常不会因此感到焦虑。不过，意识到这一点，恰恰让情况变得更糟，当事人会认为——是我能力不足、我不够自信，从而加重焦虑。

4. 尽力回避可能会让自己感到恐惧的社交场合，或在这些场合中忍受煎熬

人有自我保护的本能，回避令人感到恐惧的社交场合也是一种必然。

对社交焦虑者而言，停留在这些场合中是有风险的，他们不想被孤立，却又无法切断恐惧感的来源——关于他人如何看待自己的猜测。虽然社交焦虑者对社交感到恐惧，可他们内心依然渴望工作、交友，并获得归属感。所以，他们往往会在社交场合中忍受着恐惧和煎熬，或是采取一些减弱潜在风险的行为，让自己感到安全。

❤ 社交焦虑≠社恐

——正与人发消息，结果对方申请语音通话。

——聚会的时候被人问道：你为什么不说话？

PART 8　打破社交焦虑的魔咒

——领导迎面走来，内心合计该怎样打招呼比较合适。

碰到这样的场景，许多人不免会感到紧张，而这也是正常的情绪反应。然而，不少网友却称之为"社恐人群的噩梦"，底下点赞表示认同的人成千上万。在这里，我们有必要澄清一下，社交焦虑和"社恐"并不是一回事，两者之间有很大的区别。

社交焦虑是一种与人交往时，感觉不舒服、不自然、紧张甚至恐惧的情绪体验。任何需要与人沟通的活动，如打电话、购物、问路等，对他们而言都是挑战。

社交恐怖症是一种社交焦虑障碍，表现为过分地、不合理地惧怕与人交流，且极力想以各种方式回避社交，拥有无法自控、无差别触发等特点；同时生理上也会出现发抖、心跳加速、喘不上气、犯恶心等反应。

社交焦虑者看到他人对自己报以微笑时，心情会感到放松和愉悦；社交恐怖症患者即便看到他人对自己报以微笑，仍然会感到焦虑和不安，只有自己待着时才会感到轻松自在。

为了区分正常社交焦虑和病理意义上的社交焦虑障碍，美国精神医学学会在诊断手册中特意增加了一些更有普适性的标准：该心理障碍会影响患者的生活，并持续造成超过6个月的显著焦虑感！

千万不要因为在人际交往中出现了一点点的烦恼和问题，就随意地给自己贴上"社恐""人格障碍""人格分裂"等标签，这样会加重内心的焦虑。实际上，社交焦虑就是一种情绪，且是一种可控的、可调节的情绪，唯有正确地认识它，才能正确地应对它。

02 如何判断自己是否存在社交焦虑

别总盯着自己的缺点看，
也多看看自己的优点，
减少内耗才能够停止自我厌恶。

在多元文化的世界里，许多人敏感且谨慎地活着，有一项调查显示：约10%的人被社交焦虑困扰；有40%的人认为自己很害羞，而这也是社交焦虑的一种表现形式。如果我们把问题再扩展一下，询问人们在生活中的某些时刻是否感到害羞，这个比例会飙升到82%！

可以说，在特定的情境下，有99%的人都会感到社交焦虑，只有1%的人（包括心理变态者）从未体验过社交焦虑！看到这些数字，你可能会稍稍松一口气，并且认识到一个事实：存在社交焦虑的不止你一个人，大可不必为之感到羞耻和难堪。

♥ 社交焦虑的主要表现

有社交焦虑是正常的，但社交焦虑是分层级的，因而个体的社交焦虑表现和强烈程度不一。通常来说，社交焦虑对人的影响，主要体现在生理、情绪、思维和行为四个方面。

1.生理

感到社交焦虑时，会出现别人能够观察到的焦虑体征，如脸红、出汗、发抖；心理上感到紧张，身体有疼痛感，无法放松下来；严重时会头晕目眩、恶心呕吐、呼吸困难。

2. 情绪

紧张、焦虑、恐惧、担忧是社交焦虑普遍存在的情绪反应，当事人还会对自己、对他人感到失望或愤怒，产生消极、自卑以及对现实的无力感。

3. 思维

社交焦虑者对自己说过的话、做过的事特别在意，过分关注别人对自己的看法，很难集中注意力或回想起别人说过的话；过度担忧一件事情可能会发生的意外状况；大脑经常是一片空白，无法思考该说些什么。

4. 行为

社交焦虑者会尽可能地回避复杂的社交场合或情境，如果必须出席或参与，会选择待在"安全区"，与"安全"的人交谈，讨论"安全"的问题，害怕成为别人关注的焦点。在与人接触或交谈时，会闪避对方的视线。

需要指出的是，上述的一系列症状并不能完全涵盖社交焦虑者的全部感受。很多时候，他们还可能会以一些隐秘的方式来规避社交焦虑，这也是需要关注的。如若忽视了它们，也可能会导致问题的进一步发展。

♥ 社交焦虑的其他表现

1. 躲避行为

○ 进入人多的房间之前，等待他人的陪同。
○ 聚会时充当"服务人员"，如发东西、收拾物品等，避免与人交谈。
○ 看到一个令自己焦虑的人走来时，转身回避。
○ 发现别人看着自己时，会停下手中正在做的事。
○ 不在公共场合吃饭。

2. 安全行为

社交焦虑者在与他人相处时，时常会体会到危险，这种危险是模糊的，以至于让他们无所适从，不知道该躲避什么。于是，他们就把重心放在如何让自己感到更安全上，做一些让自己感到安全的行为，试图避免引起他人的注意。

○ 不断"演练"自己想说的话，检查它们是否正确。
○ 说话很慢，声音很小；或者语速飞快，没有停歇。
○ 试图把手或脸藏起来，用手掩着嘴。
○ 用头发遮住自己的脸，或用衣服遮挡一些特定的身体部位。
○ 穿很体面的衣服，或从不穿会惹人注意的衣服。
○ 从来不跟他人说自己的事、谈论自己的感受。
○ 从不发表个人意见，不能完全参与互动。

3. 自我批判

社交焦虑者特别在意自己的言行，每一次互动后，都会反思自己和他人的互动过程，并把注意力放在自己可能做错或让自己感到尴尬的事情上，不断揣测别人对这些事情的看法和反应。这些揣测会让社交焦虑者变得消极，因为他们会在内心进行一场严苛的自我批判：

○ "我怎么这么笨！"
○ "我怎么会说那么愚蠢的话！"
○ "我刚刚的表现就像一只笨拙的鸭子！"
○ "他一定认为我很傻！"
○ "我真是无药可救了！"

不难看出，社交焦虑者在与人交往时，总是处于紧张不安的状态，时刻担心会受到他人的指责和批评。许多社交焦虑者甚至认为，别人在了解自己后，会直截了当地拒绝自己，于是就把真实的自己隐藏起来，即便他们本身并没有什么问题。

掩盖真实的自己，无疑要消耗巨大的心理能量，这也导致社交焦虑者经常心事重重、悲观失落。从短期来看，这会妨碍一个人正常地做自己想做的、能做的事；从长期来看，则会让人在工作、娱乐、私人关系等各个方面都受到不良影响。

03 诱发社交焦虑的4个重要因素

无论对他人还是对自己,
理解和接纳才是改变的开始。

Linda入职新公司已经半年多了,可每次走进办公室,她还是会感觉浑身不自在。办公室是开放式的,三十余人在同一楼层,每个人占据一个工位。这样的空间加重了Linda的焦虑不安,她不能再像在原来的公司那样,躲在一个空间的角落,哪怕是靠近落地窗、离空调较远的地方。对她来说,忍受一点儿冷和热,远比担心被人凝视要好得多。

周一的例会结束后,同事们开始讨论"加班与休假"的问题,有个同事问Linda:"你觉得把8小时加班时间积累成一天假期,这个安排怎么样?对你有没有什么影响?"Linda与这位同事不太熟悉,忽然面对提问,她的大脑一片空白,不知道该说什么。

Linda以为所有人都在看着自己,就把目光朝向了天花板,感觉像是持久了好几分钟。最后,就小声地回了一句:"还好吧!"谈话随之展开,可Linda完全不在状态,她感觉自己表现得很羞怯、很蠢笨,也很尴尬。内心深处,有一个声音在指责她——"真是够窝囊的,这么一个简单的问题都答不上来,让人怎么看你呀!"

是什么让Linda感到焦虑不安?

结合情境来说,让Linda感到焦虑的直接原因是:一位不太熟悉的同事问了她一个问题,她以为所有人都在关注自己以及自己的回答,这让她感到恐惧和焦虑，大脑一片空白。在这样的情绪状况下，她回答问题时的样子，似乎显得有些羞怯。对于自己的表现，Linda感到焦虑、自责和愤怒。如果同事不向她发问的话，这一切就不会发生。

这是点燃Linda焦虑的导火索，但不是她社交焦虑的根本原因。吉莉恩·巴特勒在《无压力社交》中提及，恐惧与人交往的原因是很复杂的，需要从多个方面认识这一问题。

♥ 社交焦虑的诱因1：生理因素

在同样的情形和刺激下，每个人的神经系统的受刺激程度存在差异。不少社交焦虑者属于具有高敏感特征的人群，他们能够感受到被别人忽略掉的微妙事物，自然而然地处于一种被激发的状态，这是一种与生俱来的系统。另外，焦虑受基因的影响，如果父母都存在焦虑的问题，那么子女患有焦虑障碍的风险就会增加，但其焦虑类型未必和父母一样。

♥ 社交焦虑的诱因2：环境因素

最初的社交关系是在家庭中建立的，我们在家庭中学习到重要的社交知识，如：在社交过程中，哪些行为是被允许的，哪些是不被允许的；你怎样做才能获得别人的喜爱，怎样做会被别人拒绝；被爱和不被爱，分别意味着什么……这些事情经常在我们的成长过程中发生，在这些经历的基础上，我们形成了有关他人对自己的看法的信念和猜想。

如果总是被家人和朋友喜爱，犯错的时候也被接纳，能够按照自己的意愿与他们进行交流，就会体验到自我价值感，建立自尊并在社交中感到自信。即便在生活中遇到一些人际关系上的小挫折，也没有什么大碍。

如果总是被苛责、被批评、被排斥，就会形成低自尊，难以建立自信。将来在与其他人交往时，也会对自己的被认可程度、能力和吸引力感到不自信，总担心别人会如何看待自己、回应自己，焦虑感就是在自我怀疑的基础上产生的。

社交焦虑者总是习惯揣测别人对自己的看法，且倾向于消极的、负面的评价。要知道，人并不是生来就会进行这样的猜想，是个体在成长过程中遇到的评价方式，在不知不觉中内化成了自身的价值观，以及思考问题的模式。

♥ 社交焦虑的诱因3：创伤性经历

创伤性经历对人的伤害，不仅仅是在发生的那一刻，还会在事情过去之后给人留下阴影，克服这种经历并不容易。

据不少社交焦虑者反映，他们之所以会对人际交往产生恐惧和不适，大多是因为在上学期间有过创伤性经历，如校园欺凌、被孤立，因肥胖、长雀斑等问题遭受嘲笑。一旦这样的经历多次重复、长期持续，人就会感觉自己遭受了明显的歧视与残忍对待。

当然了，不是每一个有过糟糕经历的人都会成为社交焦虑者，也可能他们会被一个特定的支持者、养育者或朋友所拯救；抑或挖掘出技巧与才能，帮助自己建立自信，保持自尊。

♥ 社交焦虑的诱因4：不同时期的社交挑战

有些社交焦虑者一直都很害怕见陌生人，他们认为自己天生就是一个性格古怪或害羞的人；还有一些社交焦虑者的社交焦虑产生于青少年时期或二十岁出头时，因为这两个阶段面临着离开家庭、独立自主、寻找伴侣、找到自己的社会角色等挑战。

回顾Linda的案例，当别人向她提问时，她感到焦虑不安，产生了一系列负面的情绪体验。此时，揪着"他为什么要问我问题"的导火索是没有意义的，悔恨"我为什么不早点儿躲开人群"也解决不了问题。她真正需要反思的内容是：

○ 我是在一个什么样的家庭里长大的？
○ 我经历过哪些带给自己压力、焦虑和恐惧的人际交往事件？
○ 是什么让我感觉自己在说话时一定会被所有人凝视？
○ 回答问题后的那种尴尬、自责和愤怒，让我联想到了过往的哪些时刻？

04　克服害羞，提升社会交往技能

一个人的外在行为，
并不总能准确地反映出他是否害羞。

说起害羞，我们都很熟悉，但很少有人把它当成问题。

其实，这是一种误解，因为害羞是社会适应力不足的表现，属于社交焦虑的一种。不同程度的害羞，也会给当事人的工作和生活带来不同程度的影响。

- ○ 很难结交朋友，或享受原本可能美好的经历。
- ○ 使人无法维护自己的权利，不能表达自己的想法和观点。
- ○ 过分关注外界对自己的反应。
- ○ 没办法清晰地思考，或进行有效的交流。
- ○ 很难让别人对自己的优点作出积极的评价。
- ○ 总是体验到挫败、担忧、孤独等消极情绪。

害羞是人类共有的一种特质，在接受调查的人中，有80%的人表示，他们曾经或正在经历害羞，甚至经常感到害羞。关于害羞，没有一个明确的、标准的定义，因为不同的文化、不同的人，对害羞都有不同的理解，且一个人的外在行为并不总能准确地反映出他是否害羞。

有些时候，害羞者表面看起来镇定自若，可他们的内心却像一条拥挤、混乱的公路，处处堆积着感情碰撞和被压抑的欲望。

在生理层面，害羞者感到焦虑时会出现一系列的症状，如心跳加速、出汗、神经质地发抖。当人在体验某种强烈的情感时，也会出现这样的生理反应，而身体无法区分这些感觉在本质上的不同。但是，有一种生理症状是害羞者无法绕开的，那就是脸红。

欧妮因为脸红的问题备受折磨，她不敢参加社交活动，不能在公共场合演讲，甚至连正常的小组讨论对她而言也异常艰难。很多时候，尚未开口，她就已经涨红了脸，感觉脸一阵阵地发烫。要是有人询问她"怎么了"，她就感觉自己的笨拙和窘态已经或将要被人发现，尴尬得一塌糊涂，恨不得找个地缝钻进去。

是不是这辈子都要戴着一张"红脸面具"过活了？欧妮内心很苦恼，也不知道自己为什么会这样，更不知道有没有能力克服害羞，像正常人一样坦然地适应社会交往。

❤ 害羞的原因

欧妮的疑问，道出了许多害羞者的心声，他们也迫切地想知道：为什么自己会在社交中感到害羞？对于这个问题，不同学派之间作出了不同的解释，虽然这些解释不能涵盖所有关于害羞的问题，但它们仍为我们理解害羞提供了多重视角和思路。

○ 人格特质学派：害羞是一种遗传特质。
○ 行为主义学派：害羞者只是没有学会与他人交往的技巧。
○ 精神分析学派：害羞是个体潜意识中内心冲突的外在表现。
○ 儿童心理学家：在社交中感到害羞应当被理解，社会环境让许多人感到害羞。
○ 社会心理学家：害羞者是在社会生活中被贴上的标签，即自认为害羞，或是被他人认为害羞。

♥ 克服害羞的方法

1. 认识真正的自己

○ 你树立的自我形象是什么样的？
○ 这种形象受你的控制吗？
○ 别人对你的感觉，和你想带给别人的感觉一致吗？
○ 遇到好事，你认为是运气使然，还是努力的结果？
○ 童年时代，父母以及他人对你产生了怎样的影响？
○ 你认为生活中哪些东西是重要的，哪些是不重要的？
○ 有什么东西能让你心甘情愿牺牲自己的生活？

思考这些问题，是为了提高自我意识，这是做出积极改变的开始。因为害羞的社交焦虑者，最核心的问题就是过度的自我关注，过分关注负面评价。所以，要增强自我意识，重新认识自己，最终接纳自己内在的形象，让他人接纳自己的外在形象。

2. 坦然地面对害羞

你可以给自己写一封信，描述你第一次感到害羞的情境：
○ 当时有什么人在场？
○ 你有什么感觉？
○ 这次的经历让你做了什么决定？
○ 有没有人说过一些话让你感到害羞？
○ 现在看来，你认为其中有没有误解？
○ 描述一下真实的情况是什么样的？

○ 谈谈害羞让你付出了什么代价?
○ 你采用了什么方式应对害羞和焦虑?
○ 那些方法有用吗?
○ 你认为怎样做,才能产生积极的、可持续的效果?

选择一个自己渴望却因为害羞而未能实现的目标,为自己制订一个详细的计划,把全部精力用在实现目标上。记住:先去做,再去评价自己的实力。

3. 呵护你的自尊心

自尊,是个体在与他人比较的基础上作出的一种自我评价。害羞者通常都存在低自尊的问题,对负面评价极度敏感,且会将其归咎于个人能力。要走出低自尊,需要理性地与他人进行比较,认识到别人的生活与自己无关,学会自我主宰和自我肯定。

○ 写下自己的优缺点,据此来设定目标。
○ 抛却人格特质,找出影响你自尊心的因素。
○ 提醒自己每件事情都有两面性,事实从来不是唯一的。
○ 永远不要说自己不好,更不要给自己贴上"攻击人格"的标签,如笨蛋、蠢货等。
○ 不费心容忍那些让你感到不舒服的人、事、环境,若不能改变,可以置之不理。
○ 别人可以评价你,但不能践踏你的人格。
○ 你不是倒霉蛋,也不是一文不值的人。

4. 提高社交技能

许多害羞者之所以会社交焦虑,与缺乏社交技能有直接关系。如果能够掌握一些让自己放松的方法，以及通过思考减少焦虑的技巧，就能够将害羞和焦虑置于可控的范围内。

如果你觉得对别人开口说话很困难，那你不妨尝试给附近的餐厅打电话，询问晚上营业到几点钟，锻炼自己的胆量；你还可以与在街道、公司或学校里见到的每一个认识的人打招呼，微笑着说"你好"；用赞美对方的方式开启一段交流，如"你这身衣服很显气质""你买的车子很不错"……在信息高度发达的今天，你完全可以通过网络或书籍，学习各种社交技巧。当然，最重要的是鼓起勇气，将它们付诸实践。

05 你的尊严与价值，值得你去捍卫

知道低价值感的起源，
以及自己为何害怕拒绝，
看到自己之前所承受的重担和束缚，
用悲悯和爱护去替代对自己的苛责与谩骂，
内心的冰山就会慢慢融解。

古希腊哲学家毕达哥拉斯说过："最短而又经常要说的两个字是——'好'和'不'，无论说出哪一个，我们都需要经过仔细的考虑。"

对于缺少安全感且存在社交焦虑的人来说，说"好"相对容易，说"不"极其困难。他们既害怕被他人拒绝，同时也害怕拒绝他人，即使内心已经十分拧巴，真实的想法在心里默念了无数遍，可是话到嘴边，多半还是会咽下。

那么，为何社交焦虑者会如此害怕拒绝呢？

♥ 害怕被人拒绝，故而不敢拒绝

缺乏安全感的社交焦虑者，对于自己在社交环境中的表现设立了非常高的标准，且会夸大自己的"社会成本"，如："我今天的衣服有些褶皱，别人肯定认为我很不讲究。""如果我拒绝了他，他一定觉得我太自私了。"

这种高标准，不只是针对社交焦虑者自己，他们还会将其套用在社交环境中的其他人身上，比如：他们会认为对方是一个很有思想、高姿态的人，对自己的言行举止也抱有同样的高标准、高期待。这就使得他们在跟对方互动时，会不断地评估自己的行为，以及行为可能产生的后果。他们的内心可能会这样想："他对我的期望一定很高，要是我的表现不好，他肯定认为我徒有其表，不认可我。"

这个心理过程很微妙，可以被认为是一种对负面评价的恐惧。换言之，因为没有办法面对他人的否定和拒绝（自己臆想的），故而害怕拒绝对方。

那么，社交焦虑者只是单纯地畏惧负面评价吗？

心理学家指出，社交焦虑者在与人交往时，还存在对积极评价的恐惧，比如：害怕自己的社会地位提高，与他人产生冲突；害怕自己表现得太好，被他人排挤和孤立；担心自己在某方面表现得太好，以至于他人对自己产生更高的、更多的期望。

看似有些矛盾，实则是相互关联的。社交焦虑者害怕别人的负面评价，故而不敢拒绝他人的请求。所以，他们在社交场合中也会表现得比较谦逊、拘束，刻意地掩盖优势，甚至认为自己处于劣势。

❤ 走出不敢拒绝的樊篱

1. 深入地了解自己，走出低价值感的束缚

低价值感的社交焦虑者，听不见自己内心深处的声音，把让别人满意当成自己的宿命。就算听到了内心的呐喊"我不想做这件事"，也不去理会，反倒对自己更加鄙视和严苛。因为不敢让别人失望，害怕不被人喜欢，他们就会变得敏感，去猜测别人的想法，以及别人对自己的态度，过度解读他人的表情、眼神，看到别人不高兴，就把问题归咎到自己身上。

想要有拒绝他人的勇气，前提是建立自信，为自己设定界限，睁开眼睛去看看那个叫作"恐惧"的怪物。知道低价值感的起源，知道为何自己害怕拒绝，看到自己之前所承受的重担和束缚，用悲悯和爱护去替代对自己的苛责与谩骂，内心的冰山就会慢慢融解。

2. 放弃让所有人都满意的幻想

做人做事，要恪守自己的原则，遵循自己的内心，不要让自己太在意别人对自己所做之事的评价，也不要变成一个只会迁就别人意愿的心奴。总担心别人不满意，谨小慎微地察言观色，揣摩并迎合别人的心思，迟早会把自己折磨得精疲力竭。

无论做什么事情，能够让一部分人满意就已经很好了。没有谁可以超越人性的局限，再怎么努力，也难以实现面面俱到。

3. 设定心理界限，坚守自己的底线

当别人提出请求时，到底该不该拒绝呢？面对这个问题，社交焦虑者总是显得很纠结。其实，这个问题没有标准答案，因为每个人的处境不同，对事情的看法不同，处事的原则和底线也不同。为此，我们需要设定一个心理界限。

约翰·汤森德博士写过一本书，里面专门讨论了心理界限，他指出：

"心理界限健全的人，对生活和他人有明朗的态度，做事的立场坚定，观点清晰，有自己的追求和信仰；没有心理界限的人，做什么事都举棋不定、态度暧昧，对待爱情、工作和生活，也没有参考的标准。这样的人在与他人交往时，总处于被动的境地，一旦别人态度稍微强势些，就会毫不犹豫地妥协和退让。"

设立拒绝界限不是盲目的、随意的，先要分清是非，做到公私分明。在集体中，要严守规则制度，不能做出格的事。然后，以此为基础，维护自己的利益，满足自己的"私"求，让自己活得更好。关于如何对"私"，我们不妨参考美国励志导师奥里森·马登的建议：

"如果一个人有自己的主见，他在任何人面前、任何场合都能够慷慨陈词，表明自己的想法，捍卫自己的利益。相信自己、坚定立场、坚持主张，你不但会让自己活得舒心，而且也不会丢掉你的工作；如果你做事毫无主见，你在生活中就会瞻前顾后、畏首畏尾、胆小怕事，活得不自在，很憋屈。如果没有主见，你往往也会过低地估计自己的能力，害怕失败，不敢果断行事，因循守旧，在工作中很难有创新和突破。所以，缺乏主见的人在生活中常吃亏，在事业上难成功。"

奥里森·马登清楚地告诉了我们该如何设定拒绝的界限：当你在集体中时，要跟很多人产生关联，此时你要有主见，坚定自己的立场。因为，你坚守的是自己想要的东西，它体现了你的心声、你的愿望、你的尊严、你的价值，值得你去追求和捍卫。

4. 掌握拒绝的方式方法

当别人提出的请求违背了你的个人原则或价值观念，拒绝是必然的选择。然而，古语提醒我们："良言一句三冬暖，恶语伤人六月寒。"所以，拒绝他人的时候，态度要坚定，话要点到为止，照顾对方的自尊心。下面有一些实用的小技巧，可作为参考：

○ 听对方把话说完，再开口拒绝。

○ 给出充分的拒绝理由，让对方明晰你坚定的态度。

○ 先认同后拒绝，避免让对方感到难堪。

○ 说出你的难处，让拒绝更加真切。

○ 不找借口掩饰真实的想法，坦诚更容易获得理解。

06 对内心和外界保持同等的关注

做到对内心和外界保持同等关注，
自如地切换关注点，
不要完全沉浸在自我的世界。

陈怡很怕被人关注，无论是否真的有人关注她，但凡存在这样的可能，她就会感到不安。

那还是十年前，有一次她乘坐公交车，当时车厢里的人很多，也没有报站系统，全靠乘务员提醒。临近她要下车的站点时，乘务员喊道"有下车的乘客说一声，提前走到车门口"，一连喊了三四声，都没有人言语。

陈怡意识到，这一站是没有人下车的。她不敢在安静的车厢里回应说"我要下车"，就选择了沉默。结果，她多坐了一站地，而那站地的路程很长，是一段从市区跨到郊区的长途。

抵达郊区的首站后，陈怡随着人群下了车。望着周围陌生的环境，陈怡的心里有一股说不出的滋味。她需要走到对面的车站，重新坐回去，而这一程又要花费四十分钟。她想到，要是有人知道自己该下车时不说话，肯定会嘲笑自己是个"傻子"。瞬间，她就对自己产生了失望感和厌恶感，指责自己"怂"到家了，连一句"我要下车"的话都不敢说。

为什么陈怡不敢说"我要下车"呢？原因就是，她害怕自己在说这句话的时候，车厢里的人会把目光投向她，让她在那一刻成为被关注的焦点。

陈怡担心的情况在现实中是存在的，且多数人也经历过。置身于安静的车厢，忽然有一个人起身下车，这时总会有旁人习惯性地看一眼。但，也仅限于"看一眼"而已，完全是一种本能的反应，不掺杂太多的个人情感和思想。通常，大家都能够想明白这一点，也不会太在意，反正下车后各奔东西，可能此生都不会再见面了。

吉莉恩·巴特勒在《无压力社交》中指出：社交焦虑者的问题在于，他们太过关注自我，以至于把大部分的注意力都放在了自己的身上，无法关注内心情感以外的任何事情，导致感官瘫痪。在任何社交场合，总是感觉自己被审视，总是害怕自己表现得笨拙，试图通过安全行为来保护自己。

陈怡在该下车的时候，为了躲避被关注，选择默默地坐过站，她认为这是"正确的事情"。可我们都知道，这样的选择让事情变得更糟了。事实上，这样的情况不只出现在公交车上，她经常会在社交场合因为过度关注自我而陷入痛苦之中。

相关研究发现，社交焦虑者对身边环境具体细节的记忆，明显要比其他人少，且在给周围人的表情进行打分时，分数也更低。他们好像完全沉浸在自己的世界，对外面的事物全然不知，依靠想象去填补空白。

第一次去男朋友家时，陈怡忐忑不安。刚一进门，她就在心里暗想：他们肯定在打量自己。这个想法冒出来后，她就开始在意自己的每一个行为。她不敢轻易开口说话，担心自己可能会说错话，给男友父母留下不好的印象。

坐了半小时后，陈怡想去卫生间，却不好意思起身离开。她迫不及待地想让男友的父母去其他的房间，满脑子里想的都是——"他们什么时候起身离开客厅""我该怎么表达自己想去卫生间"……忽然，不知什么原因，周围人说话的声音变得大了起来，像是在讨论什么，而陈怡明显错过了。

她开始觉得,自己刚刚的表现很傻,让人感觉像是一个"闷葫芦"。事后,男友告诉她,并没有人注意到她的变化,虽然她没有说话,但大家觉得毕竟是第一次见面,还不太熟悉,不说话也是很正常的事情。

借助陈怡的案例,我们不难看出:当注意力完全被自我占据时,很难留出精力去关注其他的事物,这也导致社交焦虑者无法准确地认识周围的事物,很难领会他人的话或留意他人在做什么,接收不到对方的真实反应。然后,他们通过自己的想象去弥补这些空白,认定对方觉察到了自己的社交焦虑症状,猜想他们会怎样议论纷纷。结果,又进一步加深了对自己的负面评价。

那么,如何减少自我关注呢?

❤ 把注意力放在周围的事物上

要避免过度地自我关注,最关键的一点就是把注意力更多地集中在身边的事情上,而不是自己内心的消极想法、感觉或情绪上。把注意力集中在周围发生的人和事上,可以阻断对自身表现的胡乱猜测,有效地摆脱那些认为自己表现得很糟的想法。

当然了,也不能把所有的注意力都放在别人身上,完全忽略自己的存在。对社交焦虑者来说,最终要实现的目标就是,做到对内心和外界保持同等关注,可以自如地切换关注点,而不是完全沉浸在自我的世界。

有些时候,虽然社交焦虑者尝试把注意力转移到其他人身上,但还是会发现自己的注意力慢慢地被内心的情感拽走了。这是正常的现象,毕竟注意力不是静态的,它会有起伏和波动。这个时候,需要多尝试几次,重新把注意力从自己身上转移到外部事物上(没有危险性的),或者做点其他事情吸引注意力。

❤ 放弃对"理想行为"的预期

社交焦虑者总是担心自己的言行会出现"错误",试图让自己时时刻刻都能表现得如预期中一样。事实上,有谁能够说出"理想的行为"是什么样的呢?又有谁真的可以达到"理想的预期"呢?每个人都有自己看待事物的角度和方式,从客观上来说,只要人与人之间存在差异,就不可能存在一种标准化的"理想的行为"。

按照想象中的"理想的行为"去要求自己,本身就是在给自己制造压力。按照现实原则,只要选择感觉舒服或是对自己有益的方式就好了,大可不必为自己的行为模式感到不安。

退一步说,就算周围人注意到了你的细微变化,往往也不会在意,因为那对他们而言并不重要。你不是世界的核心,也不是别人生活剧本里的主角,多数人不会太在意别人做什么,也不会花费太多时间去评价别人,他们更关心的是和自己有关的事情。

总之,记住一句话:这个世界上没有人像你在乎自己那样在乎你!

07 停止用"安全行为"来逃避恐慌

社交中难免会出现尴尬的时刻，
这几乎是无法避免的，
但你可以选择如何看待它。

大多数的社交焦虑者，为了避免尴尬的局面，或是让自己免遭嘲笑和负面评价，会选择避开有风险的场合，或是以"安全行为"来保护自己。这种心理和行为选择是可以理解的，但从长远来看，这些行为并不能让问题得到解决，相反还会让问题进一步恶化。

社交焦虑者在与人交往时，要尝试将注意力转移到外部的人和事上，留意他人在做什么，有什么样的反应。如果能够做到这一点，应当算是取得了不小的进步，但要解决实际问题，还不能止步于此。因为克服社交焦虑的结果，最终一定要体现在行为上，即摆脱过去的行为模式。对此，《无压力社交》的作者吉莉恩·巴特勒从认知疗法的角度，为社交焦虑者提供了实践的思路。

♥ 第一步：识别焦虑的想法——你在想什么？

步骤1：当你感到焦虑时，你在想什么？然后会发生什么？事情结束之后又会怎样？

参考回答：
我感觉很紧张，脸红发烫，身体发抖。别人表现得都很从容，只有我紧张不安。事情结束后,我觉得自己很差劲,什么都做不好。

步骤2:当时可能发生的最糟糕的情况是什么?

参考回答:
做自我介绍时结结巴巴、声音颤抖;或者在自我介绍前,找个借口离开。

步骤3:在这件这事情上,你最在意的是什么?

参考回答:
我在意自己的表现,害怕被人识破自己的紧张和焦虑。

步骤4:你怎样看待这一经历?对自己和他人又有怎样的看法?

参考回答:
我觉得自己不该参加这个课程,我永远也无法跟其他人一样,落落大方地表达自己的想法。没有人知道我是这样怯懦,我自己都看不上自己,更不要说别人了。

♥ 第二步:向想法发出质疑——它们是真的吗?

理清楚自己的想法后,不要跟着想法走,而是要向它们发出质疑:它们是事实吗?

例:"他们一定觉得我很差劲,连做个自我介绍都结结巴巴的……"

提出疑问:
这是真实发生的,还是我的想象?怎么知道别人就不紧张呢?别人会因为我紧张而认为我很差劲吗？如果这件事情发生在别人身上，我会怎样看待和评价呢？

❤ 第三步：找出替代性的回答——也许……

针对自己发出的质疑，用另一种思维方式来回答。

参考1："每个人都有紧张的时候，就算我介绍自己时不太自然，也不代表我很差劲。"

参考2："也许他们当时正在想别的事情，并没有留意到我的表现。"

参考3："我还没有上台介绍自己，也许我的表现没有想象中那么糟糕。"

❤ 第四步：改变安全行为——这样做会如何？

安全行为，是社交焦虑者为了保护自己所做的行为。如果没有它们，当事人就会感觉惶恐不安。然而，长此以往，安全行为会阻碍当事人认清现实，导致问题进一步恶化，特别是当它们变得愈发明显和引人注意时。

比如：你试图用小声说话来避免吸引他人的关注，可恰恰因为声音小，对方会要求你重复一遍。这样一来，你可能就要在更多人的关注下，更大声地重复你的话。那么，当脑海里冒出利用安全行为逃避恐慌的想法时，该怎么处理呢？

我们可以借鉴和参考吉莉恩·巴特勒在《无压力社交》提供的相关步骤：

第1步：思考。

为了防止自己处于弱势或暴露于人前，你都做了些什么？尽可能把你想到的安全行为都列出来，并不断地补充。

第2步：预测。

如果不保护自己的话，你认为会发生什么？最糟糕的情况是什么？

第3步：检测。

从清单中选择一项安全行为，然后设计一个实验，检测在放弃安全行为后会发生什么。比如，你选择的是"回避他人的目光"，那么你可以试试直视别人的眼睛，看看究竟会发生什么。确认令你感到恐慌的事物，是否真的有想象中那么危险。如果一开始会觉得有些焦虑，不妨再试一次，看看焦虑感是否会降低。

第4步：评估。

回想你改变了行为模式后，都发生了什么。你的那些预测都发生了吗？你是正确的吗？你有没有被自己的焦虑误导？让你感到害怕的事物，究竟是真实存在的，还是你的恐慌感？这说明了什么？

概括来说，你要了解自己有哪些安全行为，以及做一件事情之前的心理预测。然后，尝试从最简单的部分做起，观察自己的预测是否应验，慢慢地建立信心。通过反复的练习，可以帮助你改变思维模式和行为模式，不再只想着"逃"。

从某种意义上来说，社交焦虑是害怕自己的做事方式、行为表现会造成尴尬、招惹嘲笑，或是暴露自己社交焦虑的症状。改变行为模式（放弃安全行为），不意味着非要"做正确的事"，也不意味着要学会用正确的行为防止"坏"事发生。

社交中难免会出现一些尴尬的时刻，这几乎是无法避免，但你可以选择如何看待它。你不把它当成灾难，它就不会像灾难一样影响你的行为选择；行为模式的转变，又能促使你重新评估社交威胁，学会用另外的视角去看待问题，由此进入一个良性的循环。

PART 9

高敏感人群的
自我救赎

01 ◇ 高敏感是不是一件很糟糕的事

在轻视敏感个性的文化中，
高敏感人群往往更容易低自尊。

- ○ 缺乏安全感，经常怀疑自己不够优秀，担心无法让别人喜欢自己。
- ○ 试图避免一切失误，如果不小心伤害了他人，会产生强烈的愧疚感。
- ○ 与人争辩时不知道该说什么，过了两三天才反应过来该如何回应。
- ○ 不喜欢人多的场合和群体，更喜欢人少的小组织。
- ○ 面对大量的信息和变化，很容易感到焦虑不安。
- ○ 在别人看起来无关紧要的小事，对你可能会造成强烈的打击。
- ○ 常常被人说"想太多""太敏感"。
- ○ ……

如果上述内容让你产生了强烈的代入感，那么你很可能具有高敏感型人格的特质。高敏感者在生活中并不少见，心理学家调查发现：世界上高度敏感的人达15%~20%，即每5个人中就有1个人是高敏感人格。

美国心理医生兼研究员伊莱恩·艾伦在《天生敏感》中指出："敏感人群常常被误认为只是少数群体，不同文化影响着人们对敏感个性的看法。在轻视敏感个性的文化中，高敏感人群往往更容易低自尊。他们被要求'别想太多'，这让他们觉得自己是不够强大的异类。"

确实，每每提到"敏感"，许多人总是不自觉地与"多疑"联系起来，在此我们需要澄清一下：在同样的情形和刺激下，每个人的神经系统的受刺激程度存在差异，高敏感的人能够感受到被他人忽略掉的微妙事物，自然而然地处于一种被激发的状态，这是一种生理特征。

正是由于高敏感人格可以更深入地感知、处理内部与外部的信息，使得他们很容易思绪过多、缺乏安全感，更容易体验到焦虑、抑郁等情绪。

那么，高敏感的人格特质是怎么形成的呢？是否全是遗传因素使然呢？事实上，先天因素只是一个很小的方面，高敏感的人格特质更多是后天形成的。

● **因素1：成长过程中严重缺少关爱**

个体受关爱的程度，对于其性格的影响是很大的。通常来说，如果受到的关爱比较恰当，也就是规矩和爱并存，个体就容易养成独立而温和的个性；如果只有爱而没有规矩，也就是溺爱，个体就容易变得自私、爱抱怨，且承受能力差；如果个体受到的关爱严重匮乏，就很容易形成敏感、自卑的个性。

● **因素2：长期生活在危险的环境中**

个体长期生活在比较危险的环境中，很容易变得敏感。最常见的情境就是家庭暴力，有些孩子一犯错就被打，他们自然会变得小心翼翼，避免给自己带来痛苦。不仅如此，他们还会从父母的眼神或语气中解读他们的心情；尽量做到听话和保持安静，甚至走路都怕吵到他们。在这样的环境之下，他们大部分的精力都用来防备和警惕，时刻处于"高耗能模式"。

当成长环境没有提供足够的安全感和支持时，我们很容易受到焦虑和抑郁等情绪问题的影响。所以，高敏感的人大都是焦虑和抑郁的易感体质，他们的"环境不安全阈限"相对更低，对常人而言的琐碎之事，很可能会给他们带来强烈的情绪反应。

《红楼梦》里的林黛玉就是一个高敏感的人，《葬花吟》里那句"一年三百六十日,风刀霜剑严相逼"就是其最真实的感受写照。花开花落,是再平常不过的自然现象,可是黛玉却能以己度人,感同身受于落花残红无人理的境遇。这种敏感的天性,也使得她在琐碎的生活中受到了不少的伤害。

如此说来,拥有高敏感的人格特质是不是一件很糟糕、很不幸的事呢?

不,高敏感型的人格特质也有其积极意义,如:富有想象力、创造力,思维活跃;有敏锐的直觉,会深刻思考并寻找问题的答案;情感丰富,有较强的共情能力;重视礼节、内心细腻,在深度人际交往中会得到更高的评价和喜欢。

心理学家荣格说过:"高度敏感可以极大地丰富我们的人格特点,只有在糟糕或者异常的情况出现时,它的优势才会转变成明显的劣势,因为那些不合时宜的影响因素让我们无法进行冷静的思考。"换言之,当敏感超过了客观事实,用想象中的"事实"去衡量实际问题,才是让高敏感者身心不安的关键。

02 ◇ 降低了自我要求，也就降低了内耗

高敏感的人之所以心累，
是因为总以高标准来评判自己的行为。

疲惫，几乎是晓艾的一种常态。

别人有口无心的一句话，落在她头上就像一块大石头，引起波涛汹涌的内心戏。她总是忍不住揣测，对方的话有什么深意？紧接着，脑海里就会涌现许多画面，冒出一个又一个否定自己的想法。

晓艾很难长时间活跃在社交中，她总是忐忑不安的，言行谨慎小心，生怕做错什么。她害怕被人发现自己的不足，希望能给他们留下热情友好、周全体贴、踏实可靠的好印象。

每次从社交场合回到家，晓艾只想瘫坐着，她感觉所有的精力都被耗尽了。

几乎所有高敏感者都有着与晓艾一样的心累体验，他们给自己设置了一系列要遵守的规则，而这些规则大都是在过往的经历中习得的。他们认为，自己必须按照那些规则行事，哪怕有些规则已经过时，对现在的自己不再适用。

可想而知，为自己设定一堆超高的标准，再用这些高标准来评判自己的行为，结果往往都是挫败性的。这种做法，也是苛刻的。就像我们知道的那样，高敏感的人很想活跃在社交中，可当他们按照刻板的规则——热情友好、善解人意、乐于助人、关心他人……与周围人相处时，很快就会消耗掉

他们的精力，心累也就成了必然。

高标准往往是和低自尊联系在一起的，从某种意义上来说，高标准是低自尊的一种补偿策略。越是认为自己不值得被爱，越会努力去遵循一些高标准的要求，试图让自己值得被爱。有些高敏感的人在成长经历中总是被指责，他们就会养成"过度自省"的习惯，宁愿责备自己也不想被人批评，总觉得自己要为他人的责任买单。

遗憾的是，高标准与低自尊总是相互强化。达不到高标准的要求，会对自己感到失望，对自己产生负面的评价；达到了高标准的要求，也无法确定别人究竟是喜欢自己这个人，还是喜欢自己的表现，只能继续维持或提高原有的标准。结果可想而知，不是疲惫不堪就是自我否定，简直就是一个恶性循环。

如果你一直用高标准来要求自己，那么降低自我要求，也就降低了焦虑，这是一条自我救赎之路。可能一开始让你降低标准，你会感到更加不安，担心被人讨厌或排挤。这很正常，但你也要知道，这并不一定会发生。退一步说，就算如你所想的那样，当你不再提供对方习以为常的付出时，对方对你冷眼相待，那么你也该认真考虑一下：只对你的付出感兴趣的人，是否还有必要让他们继续留在你的生活中？

通常来说，不可能所有的朋友都会离开你，但也无法保证所有的人都会留下来，你不妨将其视为一个机会，鉴别一下哪些人是真正的朋友——是真心喜欢你这个人，而不是因为你的付出，而选择与你成为朋友。

当你不再浪费精力去伪装，变成你认为的"别人眼中期待的样子"，你会拥有全新的、被肯定的人生体验。哪怕你不够完美，也有人会一如既往地接受你、关心你，这会化解你内心的恐惧，让你有力量进一步地展示真实的自己，有更多的精力支撑你与他人互动，维持更长时间的社交活动。

03 善待身体，屏蔽过度的感官刺激

吸收对自己有利的信息，
屏蔽对自己无益的信息。

无论走到哪里，艾斯都会戴着耳机，阻隔外界那些喧闹的声音。如果有人在旁边打电话，艾斯会立刻拿出耳机，阻断听觉刺激。

每次演讲之前，艾斯都会先听5分钟的轻音乐，让自己沉浸其中，彻底放松。要是忘记了戴耳机，艾斯就会陷入焦躁不安中，甚至难以在演讲过程中保持和往常一样的状态。在演讲前的几分钟里，旁人的说话声不断地闯进他的脑海，让他没办法平静下来。

高敏感者的中枢神经系统对于接收到的物理刺激、情感刺激或是社会刺激都有较高的敏感度，他们就像一台精密的地震仪，总是能够精确地捕捉到周围环境中的微小震动，并对它产生快速和强烈的反应。无论好事还是坏事，高敏感者都会不受控制地对其进行深层次处理，这也使得他们更容易感到紧张和疲倦。

认识到这一点，你会更容易理解为什么艾斯出门时总要戴着耳机了，因为深度处理的特质，很容易让他产生强烈的情绪反应。研究发现，当目睹了某一事件后，高敏感者含有镜像神经元的大脑区域会比其他人更活跃，而这种镜像神经元会让其在目睹别人做某件事情时，与那个人产生"感同身受"的共鸣。

高敏感者的最佳受刺激门槛比其他人都要低，这也意味着所有的高敏感者都要面临一个艰难的挑战——如何保护自己，避免受到过度的刺激？下面有几条建议，相信能够给高敏感的朋友带来一些启发和帮助。

♥ 建议1：阻断感官刺激，屏蔽信息输入

输入大脑的刺激中，有80%是通过视觉输入的。如果闭上眼睛，就可以屏蔽大部分的信息输入。高敏感者每天不妨抽出一点儿时间，看一些平静的事物；置身于公交、地铁上，也可以闭目休息，屏蔽刺激。另外，戴一顶帽子或墨镜遮住视线，也可以限制视觉信息的输入。

除了阻断视觉刺激的输入，在听觉方面也可以采取相应的措施来阻隔外部喧闹的声音，如戴上耳机听音乐，这是最简单可行的方法。

♥ 建议2：截断信息流，控制新闻摄入量

经常收看或收听新闻，会对新闻产生依赖，忍不住频繁查看新的消息。特别是一些负面的社会新闻，更容易让共情能力超强的高敏感者感到焦虑不安、情绪低落。所以，高敏感者最好适当限制新闻的摄入量，尤其是早上醒来和睡前时分，更不建议看新闻，以免影响白天的状态和晚上的睡眠。

♥ 建议3：善待身体，与之友好相处

许多高敏感者很喜欢水，无论是喝水、洗澡，还是游泳或在水边散步，都会让他们感到放松。当感觉受到过度刺激时，也可以通过简单的运动来缓解焦虑，比如瑜伽、散步，或者是在地板上做几组简单的动作，都能够将呼吸和身体运动协调起来。

♥ 建议4：列出适合自己的活动清单

很多时候，我们无法完全屏蔽周围的刺激。对高敏感者而言，过多的活动或刺激，会让他们感到不堪重负，这个时候需要借助一些有趣又不刺激

的活动来恢复常态。这样的活动有很多,如瑜伽、普拉提、泡澡、烘焙、烹饪、编织、打扫卫生等,沉浸于其中,享受心流状态,可以有效地补充精力。

如果你是一个高敏感的人,也许你没有办法改变这个与生俱来的特质,但你可以借助科学的方式保护自己、悦纳自己,与自己友好地相处,尽可能地降低它带来的负面影响,放大它所带来的那个丰富又独特的人生视角。

04 ◈ 不再伪装感受，将内心的挣扎说出来

让人感到孤独的不是独处，
而是对自我的不接纳。

对于性格外向、擅长交往的人来说，在聚会上端着香槟聊聊天是一件很轻松的事，这能给他们带来能量。可是对Simon来说，站在人群中，尴尬地端着香槟，不晓得能与谁进行深度交流，这样的场合只会让他感到疲惫。

Simon的疲惫不只出现在职场与社交场合，有时在家里他也感到烦闷和压抑。如果哪天他没有承担家务、帮忙照顾孩子，妻子就会吵闹，言语中带着强烈的怨气。这样的刺激，让Simon的神经系统失去了平衡，为了避免这一切，他总是默默地多做家务，但心里却很压抑。

只有每天停车到楼下的那几分钟，他才能找到片刻的宁静，但时间太过短暂。他渴望有足够的时间和空间来独处，可在妻子看来，那是不负责任的表现，作为丈夫和父亲，他理应在休息时做家务、陪孩子，这才是最重要的。他不想破坏关系，只好委屈自己。

对高敏感的人来说，如果伴侣是一个外向活泼的人，同时又能够理解和尊重自己的高敏感特质，这样的结合会带来很多优势。最常见的情形是，伴侣可以带孩子去游乐园玩，去商超逛，参加各种热闹的活动，留给高敏感者独处的空间。可是，如果伴侣无法理解高敏感者的人格特质，在一起相处就容易出现摩擦和矛盾，令彼此感到身心疲惫。

面对这样的情形，高敏感者往往会选择"委曲求全"。以Simon为例，

他明明很需要独处的空间，却在告别职场的喧嚣后，选择在家承担更多的家务，以免妻子抱怨。

我们都知道，伪装真实的感受需要耗费大量的精力，也无法真正地解决问题。这就好比，不开心的时候也要面带微笑，或是出于礼貌，或是出于无奈。然而，微笑不是发自内心的，长时间地伪装只会让脸部的肌肉变得僵硬，让压抑和烦躁倍增。

为什么高敏感者要选择"委曲求全"呢？究其根源，是因为高敏感的人很容易出现不合时宜的良心不安，倘若无法成为完美的丈夫、妻子或父母，他们会感到自责！于是，就试图变成身边人想看到的样子，由此来避免良心不安。可惜，这么做是徒劳的，只会陷入恶性循环，最终让高敏感者精疲力尽，彻底丧失自我。

那么，高敏感者该如何解决这一困惑呢？

丹麦心理治疗师伊尔斯·桑德在《高敏感是种天赋》一书中指出："如果你有足够的勇气告诉他人，你很容易疲惫，虽然你很享受跟他们在一起的时光，但是长时间相处后，短暂的休息也是好的，那么你离成功适应自己的敏感型人格不远了。"

任何一段关系都可能会出现矛盾冲突，逃避解决不了问题；与其苦苦伪装真实的感受，不如将内心的挣扎说出来，让对方知晓自己的感受，而后在相互尊重的基础上达成妥协，弄清楚在有人感到不满的情况下该怎样相处。

伊尔斯·桑德编写了一份调查问卷，在丹麦邀请45位高敏感者来作答。该问卷中提到，当生气时你希望亲友如何回应你？答案不尽相同，但也存在一些共性，伊尔斯·桑德将其制作成一份指南，送给高敏感者的朋友。现在，我们一起来看看这份指南，希望它也能够给高敏感的你带去一点儿启发。

○ 不要大吵大叫，那样我会感到震惊，充满恐惧，听不进你说的话。
○ 如果你的表达方式太激烈，事后我可能会原谅你，但在当时我会很害怕，未来几天都心神不宁。就算最后事情圆满解决了，你觉得把话说清楚是好事，我也会因为这样的处理方式而受到伤害。

○ 冷静地告诉我，你为什么会生气？你希望我做些什么？听完后，我会努力地配合，尽可能地理解你的感受，并尽力找出彼此都可以接受的解决方案。

○ 当我生气的时候，请给我一点儿时间，我需要找到内心的安宁——在找到它之前，我可能会先疏远你一段时间。你可能会迅速地厘清问题，但我需要很长时间思考并组织语言。

○ 当我向你解释是怎么回事的时候，请你保持冷静。如果你打断我，或者作出愤怒的回应，我会全身僵硬、张口结舌。如果我觉得你没在认真听，就无法集中精力说完。一旦思路被打断，我会失去把话说完的动力，会感觉精疲力尽。

○ 请理解，这样的情况会让我感到不安，我需要得到你的理解。

以上是伊尔斯·桑德总结的一份指南，你也可以根据自己的实际情况，列出不同情境下与伴侣或其他人相处时的一份"心愿清单"，坦白地说出你内心的挣扎，比如：

○ 我也很想跟你多待会儿，但我实在有些累了，如果我现在不回去休息，明天我可能没有足够的精力来应对工作。

○ 我现在有点儿累，没办法在我们交流的过程中集中注意力。我希望自己待一会儿，稍后再跟你沟通这个问题。

○ 我希望每周能够拥有一天独处的时间来恢复精力，以便更好地陪伴家人、处理家务。

○ 我非常高兴你邀请我，可惜我不太适合参加聚会，因为我特别敏感。

○ ……

05 叫停灾难性思考，打破消极的恶性循环

控制自己的负面思维，
当内心的思绪困扰自己时，
引导自己朝着正面的方向走。

在每天接收到的信息中，总是那些负面信息更容易引起高敏感者的注意。有时候，他们会迫不及待地想要变得"麻木"一点儿，以便让自己不那么紧张和焦虑。

其实，要想减少高敏感的人格特质带来的负面影响，首先要做的一件事就是不去对抗高敏感，而是要放大优势、减少隐患，找到适合自己的生活方式。

那么，具体可以怎么做呢？

♥ 建议1：用积极信息对冲消极信息

高敏感的人很容易关注消极面，看到花开，随即就想到花落；刚刚恋爱，随即就想到分道扬镳……这是一种自我保护机制，但时间久了就会扭曲认知。毕竟，他们所关注的消极内容不是全部的事实，只是一部分或一种可能。

当然，感受到负面信息不是高敏感特质的错，真正导致痛苦的是对信息的选择和认知。所以，在认知加工之前，高敏感者要及时给自己补充积极信念，让认知重新获得平衡，不放任自己径直地走向消极。

建议2：及时终止灾难性思维

高敏感的人想象力丰富，经常会冒出各种各样的灾难性思绪，遇到问题很容易想到最坏的结果，让自己焦虑不安。所以，高敏感者要学会及时叫停灾难性思维，提醒自己说："如果最坏的情况发生了，到时候再想办法解决也不迟，毕竟现在还没有定局。"就算结果朝着不太理想的方向发展了，也要学会在苦难中找寻意义，而这其实是高敏感者的强项。

建议3：让思考变得富有意义

高敏感者在接收大量的外界信息后，大脑会不受控制地去想很多事。从某种意义上来说，"想太多"本身并不是问题，真正的问题是把它视为一件坏事，拼命地压制它。

如果无法停止思考，那不妨让思考变得有意义，试着将它们梳理一下：我到底在想些什么？我的分析和判断是什么？可能的结果是什么？把问题想透彻，可以有效地降低焦虑。

总而言之，高敏感的人要学会选择性地关注信息，摆脱了灾难性的思维桎梏，减少了自我内耗，自然会感到轻松，回归到一个舒适的状态。

建议4：试着做那些有利于放大优势的事

不愿意承认每个人都有局限性，自然会触发一连串的消极反应。面对别人在社交中可以轻易做到而自己却做不到的事情时，高敏感者经常产生自责感。他们会思考，要怎么做才能够和别人一样？然而，越是给自己制订高标准，就越是达不到，从而加重自我否定，陷入恶性循环之中。

对高敏感的人而言，想让自己与外界更好地相处，更加轻松快乐地生活，就要尝试去做一些有利于放大敏感优势、减少隐患的行为，带给自己不一样的体验，从而更好地接纳自己。

建议5：照顾自己的感受

当别人向你寻求帮助时，如果过去你总是习惯说"好"，那么现在也可以试着说"不可以"，不用时时刻刻都把别人的需求放在第一位。在你做不到的时候，不要委曲求全。

建议6：远离敏感的环境

如果知道自己不擅长什么，在什么样的环境下会感到压抑和痛苦，且尝试过努力调节，却始终无效。面对这样的情况，就不要勉为其难了，可以适当回避那些会触发消极反应的环境。没关系，这不是懦弱，而是认清自己之后的一种自我保护。

建议7：充实自己的生活

高敏感者要学会充实自己的生活，太闲了容易胡思乱想，过度解读外界传达的信息，也很容易放大自己所处境况的严重性。无论是工作、看书、运动还是养花，找到自己喜欢的事，给生活涂上颜色，享受这些事情带来的美好体验，就不容易去胡思乱想了。

总之，高敏感者应当学会为自己的这一特质感到庆幸，哪怕它偶尔会给你的生活带来一些困扰，但只要你能够适当地控制负性思维的影响，你就会比其他人感知到更多的美好。